Saskia Kliphuis

Modelos roedores da perturbação do espetro do autismo: pontos fortes e limitações

Saskia Kliphuis

Modelos roedores da perturbação do espetro do autismo: pontos fortes e limitações

ScienciaScripts

Imprint
Any brand names and product names mentioned in this book are subject to trademark, brand or patent protection and are trademarks or registered trademarks of their respective holders. The use of brand names, product names, common names, trade names, product descriptions etc. even without a particular marking in this work is in no way to be construed to mean that such names may be regarded as unrestricted in respect of trademark and brand protection legislation and could thus be used by anyone.

Cover image: www.ingimage.com

This book is a translation from the original published under ISBN 978-3-659-89652-1.

Publisher:
Sciencia Scripts
is a trademark of
Dodo Books Indian Ocean Ltd. and OmniScriptum S.R.L publishing group

120 High Road, East Finchley, London, N2 9ED, United Kingdom
Str. Armeneasca 28/1, office 1, Chisinau MD-2012, Republic of Moldova, Europe
Managing Directors: Ieva Konstantinova, Victoria Ursu
info@omniscriptum.com

Printed at: see last page
ISBN: 978-620-8-60048-8

Resumo

A perturbação do espetro do autismo (PEA) é uma doença psiquiátrica resultante de uma interação complexa entre factores genéticos e ambientais. A sua sintomatologia inclui défices na interação social, perturbações da comunicação e comportamentos repetitivos. No entanto, as PEA são atualmente diagnosticadas com base em caraterísticas comportamentais fenotípicas e não em defeitos neurobiológicos. Têm sido utilizados modelos animais para compreender melhor a etiologia da perturbação, a fim de encontrar um "padrão de ouro" para o diagnóstico e o tratamento. Ao longo da história, foram desenvolvidos modelos de lesão, modelos genéticos e modelos que manipulam influências ambientais. Os efeitos no comportamento animal são medidos através de uma série de testes de fenotipagem comportamental. Coloca-se a questão de saber se estes modelos são validados pelos seus sintomas comportamentais ou pela sua semelhança com o mecanismo subjacente às PEA. Além disso, ao utilizar estratégias de fenotipagem, o comportamento natural dos animais deve ser tido em conta, o que permite avaliar a validade ecológica em relação à perturbação humana. Nesta tese, vários tipos de modelos para a PEA são examinados criticamente quanto à sua utilização para imitar a complexidade da biologia do desenvolvimento da perturbação. A validade facial, de construção e preditiva destes modelos é avaliada, bem como os testes de fenotipagem comportamental que são aplicados. As direcções futuras estão a avançar para uma abordagem multi-modelo, em que a ênfase é colocada no corpo como um sistema funcional único. Os modelos animais são sempre um compromisso entre a reprodução da complexidade da doença real e a conceção de experiências práticas. No entanto, estas experiências devem ser concebidas de forma a limitar o menos possível o comportamento natural do animal. Ao combinarmos os conhecimentos, reduzimos o funil em direção não só a um modelo de referência, mas também a uma estratégia de fenotipagem comportamental de referência, aumentando assim a capacidade de tradução do modelo animal.

Índice

Introdução geral

Ao longo das últimas décadas, tem sido realizada muita investigação sobre a etiologia e a patologia das perturbações do espetro do autismo (PEA). No entanto, a definição clínica das PEA evolui ao longo do tempo, tal como os critérios de diagnóstico. Por conseguinte, é crucial que os modelos animais utilizados na investigação do autismo sejam também objeto de uma revisão crítica, uma vez que os resultados da investigação laboratorial básica e a sua aplicação na ciência clínica são claramente interdependentes. A dificuldade em encontrar o modelo perfeito, no entanto, reside no facto de a etiologia das PEA incluir influências ambientais e genéticas, tornando difícil imitar os factores que predispõem uma criança a desenvolver PEA. Além disso, quando se analisam os efeitos comportamentais das manipulações, o comportamento natural do animal nem sempre é tido em conta.

Esta tese descreve o desenvolvimento de modelos animais ao longo da história da investigação das PEA, avaliando criticamente os modelos actuais quanto à sua utilização em relação ao comportamento natural dos animais e à discussão em curso sobre os critérios de diagnóstico das PEA. Além disso, são sugeridos novos modelos e é salientada a necessidade de desenvolver modelos inovadores. O conselho dado ao campo da investigação é o de praticar uma abordagem de modelos múltiplos, abrangendo o maior número possível de sintomas e aspectos etiológicos, a fim de otimizar a validade facial, a validade de construção e a validade preditiva. No entanto, esta abordagem não deve ignorar o facto de que o corpo funciona como um sistema único e que as manipulações terão efeitos em áreas não relacionadas com a perturbação. Além disso, os ensaios de fenotipagem comportamental devem respeitar o repertório comportamental natural do animal, o que muitas vezes não é o caso atualmente.

O Capítulo 1 apresenta uma introdução aos modelos animais e às PEA, bem como uma panorâmica dos testes de fenotipagem comportamental utilizados em estudos de modelos de roedores com PEA. O Capítulo 2 aborda os modelos de lesão das PEA, em relação ao que se sabe sobre os substratos neurais subjacentes à perturbação. O Capítulo 3 aborda os modelos genéticos e epigenéticos das PEA. O Capítulo 4 avalia modelos em que as influências ambientais são manipuladas para se assemelharem aos sintomas da PEA. O Capítulo 5 apresenta conclusões e recomendações para investigação futura.

1. Introdução

1.1. *Introdução aos modelos animais*

1.1.1. Porquê utilizar modelos animais?

Ao longo da história, os animais têm sido utilizados para estudar o funcionamento dos organismos vivos, nomeadamente dos seres humanos. Documentos que datam de 1628 mostram que a experimentação animal tem sido praticada para fins científicos há séculos (Harvey, 1928). A utilização de modelos animais foi sempre objeto de debate, muitas vezes acompanhado de objecções morais (van den Brink, 1989). No entanto, na ausência de alternativas, os modelos animais são, por enquanto, indispensáveis. Desempenham um papel essencial na investigação fundamental e aplicada das patologias humanas. Contudo, uma vez que as experiências com modelos envolvem um animal diferente do animal-alvo (o homem, na maioria dos casos), que pode ter diferenças anatómicas e ecológicas, os experimentadores devem ser cautelosos ao extrapolar os seus resultados para uma determinada doença humana. Para avaliar o valor destes modelos, devem ser cumpridos vários critérios.

1.1.2. Critérios para um modelo eficaz

Os modelos animais eficazes devem cumprir pelo menos três tipos de validade, que são: 1) *validade facial,* o que significa que o modelo tem fortes analogias com os endofenótipos (ou seja, componentes quantificáveis das vias que vão dos genes aos comportamentos (Gould & Gotman, 2006); 2) *validade de construção,* o que significa que o modelo tem a mesma disfunção biológica que causa a síndrome humana. componentes quantificáveis das vias que vão dos genes aos comportamentos (Gould & Gottesman, 2006) da síndrome humana; 2) *validade de construção*, o que significa que o modelo tem a mesma disfunção biológica que causa a doença humana, como uma mutação genética ou uma anomalia anatómica; e 3) *validade preditiva, o que* significa que o modelo tem uma resposta semelhante aos tratamentos que previnem ou revertem os sintomas da perturbação humana (Petit-Demouliere *et al,* 2005; Silverman *et al,* 2010; Willner, 1984). Só quando estes critérios são cumpridos é que se pode inferir uma relação entre a origem da patologia e o fenótipo comportamental resultante. No entanto, outro critério importante é que os testes de fenotipagem aplicados para avaliar os efeitos comportamentais das manipulações tenham em conta o comportamento natural do animal.

1.1.3. Roedores e outros modelos (primatas)

Os ratos e os ratinhos são modelos animais preferíveis por várias razões. Em primeiro lugar, um importante fator comum entre os ratos e os seres humanos é o facto de ambos serem espécies que vivem em grupos sociais complexos. Têm, portanto, um vasto repertório social e comportamental. Os ratos vivem em grandes grupos em várias composições (sub)territoriais e têm uma hierarquia de dominância estabelecida. No entanto, fora destes territórios, são capazes de partilhar recursos harmoniosamente com outras colónias de ratos. Estas circunstâncias exigem um comportamento social complexo, uma vez que a sua sobrevivência depende em grande medida do sucesso das interações de grupo. O repertório comportamental da ratazana inclui o jogo social, que é conhecido por ser uma categoria comportamental distinta e é frequentemente utilizado em experiências para demonstrar a motivação intrínseca para o contacto social em muitas espécies de mamíferos (Vanderschuren *et al.,* 1997). Os ratos são sujeitos menos adequados para modelar os aspectos sociais do comportamento humano, uma vez que restringem as suas interações sociais à sua própria família e tendem a mostrar uma agressão territorial inflexível em relação a co-específicos não relacionados. Além disso, o seu comportamento lúdico é menos visível e envolve poucos elementos de interação. No entanto, o genoma do rato é mais facilmente modificado do que o da ratazana, o que abre muitas possibilidades de modelação genética de doenças humanas. Outro ponto importante em comum entre os ratos e os seres humanos é o facto de serem ambos generalistas e oportunistas na alimentação. O cérebro social, em particular, é influenciado pelas preferências alimentares (Dewar, 2004; Galef Jr, 1993). Os animais que se alimentam de forma oportunista, como os ratos, necessitam de um comportamento social complexo para aprenderem os efeitos da ingestão de alimentos dos seus conspecíficos (Galef, 1996). Outras vantagens dos roedores como modelos animais são o seu tamanho, que permite a criação de um grande número de indivíduos num espaço limitado; a sua rápida rotação de gerações, que facilita a formação de estirpes específicas; e o facto de ingerirem uma grande variedade de tipos de alimentos, que requerem em pequenas quantidades absolutas, tornando a criação de animais menos dispendiosa. Além disso, ambas as espécies são consideradas como tendo uma excelente capacidade de aprendizagem, o que permite aos cientistas treiná-las em paradigmas que facilitam as medições comportamentais. Os ratos e os ratinhos são, portanto, modelos particularmente interessantes para a investigação comportamental. Embora os primatas tenham uma maior sobreposição genética com a espécie humana, estes animais são difíceis de criar e são considerados fora do âmbito desta tese.

1.2. Introdução às perturbações do espetro do autismo

1.2.1. A etiologia das Perturbações do Espectro do Autismo

A Perturbação do Espectro do Autismo (PEA) foi descrita pela primeira vez em 1943 por Leo Kanner e é a perturbação pervasiva do desenvolvimento mais comum, com uma taxa de prevalência de 10:10.000 (Fombonne, 2003). De acordo com uma definição recente, a PEA é um termo coletivo para várias perturbações distintas, nomeadamente a perturbação autista, a síndrome de Asperger e a perturbação pervasiva do desenvolvimento não especificada de outra forma (PDD-NOS). Embora os seus sintomas estejam amplamente descritos, a etiologia das PEA permanece relativamente pouco clara em comparação com muitas outras perturbações psiquiátricas (Murcia *et al.*, 2005; Silverman *et al.*, 2010). A razão pela qual a sua origem é tão difícil de determinar é que é causada por uma combinação de factores genéticos, epigenéticos e ambientais (Persico & Bourgeron, 2006). Além disso, há evidências de que muitos genes independentes podem estar envolvidos (Murcia *et al.*, 2005; Silverman *et al.*, 2010), tornando ainda mais difícil a atribuição de endofenótipos específicos, que são essenciais para o diagnóstico de TEA. Os componentes (epi)genéticos e os factores ambientais que se pensa estarem envolvidos na causa da perturbação são descritos nos Capítulos 3 e 4, respetivamente.

1.2.2. Diagnóstico de TEA

De acordo com o Manual de Diagnóstico e Estatística das Perturbações Mentais (DSM-IV), o diagnóstico das PEA baseia-se em sintomas que pertencem a três categorias, muitas vezes referidas como a "tríade de perturbações". Estas categorias são: 1) interações sociais anormais; 2) défices de comunicação; e 3) comportamentos repetitivos (American Psychiatric Association, 2000; ver **Anexo 1**). Estas três categorias têm sido, desde há muito, uma via importante para a investigação etiológica. No entanto, a questão de saber se a distinção entre estas categorias é adequada continua a ser objeto de debate. Uma visão recente e amplamente apoiada das PEA é a de que a perturbação deve ser encarada como um continuum de caraterísticas semelhantes às do autismo, que vão desde traços de personalidade menores até deficiências graves na cognição social (Persico & Bourgeron, 2006). Em 2013, a Associação Americana de Psiquiatria publicará uma nova versão do DSM (DSM-V), na qual os critérios de diagnóstico para TEA serão substancialmente revistos (Wing *et al.*, 2011; Worley & Matson, 2012). Uma das principais revisões é que, no DSM-V, a "tríade de deficiências" será modificada em dois componentes, nomeadamente 1) interação social anormal e défices de comunicação (que são agora considerados uma deficiência conjunta) e 2) comportamentos repetitivos. No entanto, os investigadores psiquiátricos reagiram de forma crítica a esta alteração (Wing *et al.*, 2011), o que ilustra o debate em curso. Além disso, o DSM-V irá referir-se a todo o espetro do autismo como uma única categoria de PEA, que se tornará o novo padrão clínico. Por esta razão, o termo TEA é usado ao longo desta tese.

1.2.3. Modelos de roedores para ASD

De acordo com os critérios do DSM-IV, um modelo ideal de PEA apresentaria caraterísticas fenotípicas das três categorias da "tríade de perturbações". No entanto, estudos demonstraram que existem poucas correlações etiológicas entre estes domínios, tanto a nível genético como em termos de influências ambientais (Robinson *et al.*, 2012; Ronald *et al.*, 2006). Isto significa que a maior parte dos sintomas das PEA é causada por diferentes genes e factores ambientais, o que sugere que os domínios podem ser estudados de forma independente. No entanto, isto contradiz a declaração feita anteriormente pela Associação Americana de Psiquiatria, que afirma no DSM-V que os dois primeiros elementos da "tríade de perturbações" devem ser considerados como um único elemento. Tal como o ponto de vista sobre a tríade evoluiu ao longo do tempo, também é necessário alterar o ponto de vista sobre os modelos animais utilizados na investigação das PEA. Em termos de comportamento animal, a natureza combinada das deficiências na interação social e na comunicação parece intuitivamente lógica. Afinal de contas, a comunicação pode ser vista como um instrumento para a emissão de comportamentos sociais. Ao longo desta tese, a associação entre estes dois domínios será discutida no contexto do capítulo.

Como já foi referido, um modelo ideal deve satisfazer o maior número possível de tipos de validade, de modo a ser válido e relevante para a perturbação humana (Petit-Demouliere *et al.,* 2005). Ao desenvolver um modelo ideal para as PEA, deve, portanto, procurar-se um modelo que inclua sintomas dos três domínios da tríade, com esta semelhança baseada no maior número possível de tipos de validade (ou seja, de face, de construção e preditiva) em .

1.2.3. Restrições na modelação da ASD

Um aspeto crucial a considerar quando se utilizam modelos animais para estudar uma perturbação humana como a PEA é o facto de as condições em que os animais são testados estarem longe de ser naturais. Em primeiro lugar, os ratos e as ratazanas são espécies nocturnas, pelo que os testes se realizam principalmente durante o dia (Whishaw, 2004), o que não respeita o seu ritmo circadiano natural, que tem uma influência considerável no seu repertório comportamental (Crawley, 2007; Whishaw, 2004). Além disso, as estirpes de ratos e ratazanas de laboratório são pré-selecionadas em relação a muitos traços, o que favorece comportamentos particulares que diferem dos dos seus congéneres selvagens (Whishaw, 2004), tornando difícil comparar os efeitos de manipulações genéticas ou ambientais específicas das PEA.

Outra limitação importante destes modelos é a falta de analogias entre roedores e várias outras deficiências sociais associadas às PEA em humanos. Por exemplo, pensa-se que muitas crianças com PEA não dominam totalmente o conceito de teoria da mente, ou seja, a capacidade de uma pessoa compreender o que outra pessoa está a pensar ou a sentir (Baron-Cohen, 2000). A teoria da mente não foi discernida em roedores, e são necessários paradigmas de teste complexos para demonstrar esta capacidade em animais não humanos. Além disso, muitos dos défices de comunicação associados às PEA, como as deficiências na interpretação da ironia ou do sarcasmo, e o uso literal da linguagem, são difíceis de simular em modelos animais (Silverman *et al.*, 2010). Isto é ainda mais complicado pelo facto de muitos, mas não todos, os doentes com PEA apresentarem estes défices. Por conseguinte, é importante distinguir entre a imitação das diferentes perturbações que compõem o espetro das PEA.

No que diz respeito às considerações metodológicas, devem ser excluídos os efeitos de défices noutras funções corporais em modelos animais. Por exemplo, se um animal tiver défices visuais ou motores, isso pode inibir o seu desempenho em tarefas que nada têm a ver com o desempenho social. É por esta razão que o número de animais deve ser elevado nos estudos comportamentais (Silverman *et al.*, 2010). Além disso, muitos testes comportamentais utilizados para validar modelos são unidimensionais e oferecem poucas opções ao animal. Por conseguinte, estes paradigmas testam o resultado comportamental e não a função real do comportamento. Esta tese enfatiza a necessidade de escolha comportamental e a aquisição de paradigmas de teste multidimensionais.

1.3. Fenotipagem comportamental

Para verificar se um modelo animal se aplica aos diferentes tipos de validade acima referidos, devem ser analisadas as caraterísticas fenotípicas do animal. Os fenótipos incluem geralmente caraterísticas bioquímicas, anatómicas, fisiológicas e comportamentais. No entanto, esta tese centra-se na análise do fenótipo comportamental, dado que as PEA estão principalmente associadas a défices comportamentais e que, até à data, não foi identificado nenhum marcador biológico consistente (Happe & Ronald, 2008). Foram desenvolvidos vários instrumentos de medição para estudar os fenótipos comportamentais em roedores. Os que são relevantes para os modelos de PEA são descritos em .

1.3.1. Comportamento "natural" dos ratos e ratazanas de laboratório

Para quantificar os efeitos do tratamento que o modelo animal recebeu para se assemelhar a aspectos da PEA, é necessário conhecer o comportamento natural do animal utilizado. No entanto, tal como indicado na secção 1.2.3, é essencial ter em conta o facto de as estirpes de ratos e ratazanas de laboratório serem criadas especificamente para a investigação científica (Whishaw, 2004). No laboratório, a sua reação comportamental ao ambiente pode ter consequências diferentes das que se verificam na natureza. Consequentemente, de acordo com o princípio da seleção natural, estes comportamentos podem ser modificados ao longo das gerações em cativeiro. Em consequência, o comportamento destes animais pode ser diferente do dos seus congéneres que vivem na natureza (Whishaw, 2004). Por exemplo, os ratos de laboratório são menos medrosos, menos activos e têm capacidades cognitivas inferiores (B.M. Spruijt, comunicação pessoal). Tendo isto em conta, é importante reconhecer que, como parte de uma conceção experimental, os fenótipos comportamentais dos ratos e ratazanas devem ser avaliados em relação aos seus controlos criados em laboratório, em vez de comparar o seu comportamento com o da subespécie de tipo selvagem.

1.3.2. Medição de anomalias na interação social

De acordo com o DSM-IV, os sintomas associados aos défices de interação social nas PEA são 1) deficiências nos gestos reguladores da interação social, como o olhar, a expressão facial e a postura corporal; 2) incapacidade de estabelecer relações de pares adequadas ao desenvolvimento; 3) falta de procura espontânea de partilhar prazeres, interesses ou realizações com os outros; e 4) falta de reciprocidade social ou emocional, ou seja, não participar ativamente em jogos ou actividades sociais simples, preferir actividades solitárias ou envolver os outros em actividades apenas como ferramentas ou ajudas "mecânicas" (American Psychiatric Association, 2000) (apêndice **1**). Alguns destes sintomas não têm equivalente nos roedores. No entanto, sabe-se que as ratazanas e os ratos têm uma necessidade interna de explorar o seu ambiente social (Crawley, 2007; Silverman *et al.*, 2010), cujo défice pode ser equivalente ao sintoma 3 acima descrito. Além disso, o jogo social é uma caraterística comum dos ratos e ratazanas saudáveis e desempenha um papel importante na demonstração da necessidade de contacto social (Crawley, 2007; Vanderschuren *et al.*, 1997). As deficiências no jogo social podem, por conseguinte, ser consideradas equivalentes ao sintoma 4.

Muitos paradigmas comportamentais foram concebidos para testar a motivação dos roedores de laboratório para se envolverem em interações como a exploração social ou o jogo social. As ratazanas e os ratos são animais sociais e possuem um vasto repertório de comportamentos sociais (Crawley, 2007; Silverman *et al.*, 2010). Os testes utilizados para medir as anomalias no repertório social destes animais foram desenvolvidos para avaliar a semelhança com os sintomas de PEA nos seres humanos. Um teste importante é o que mede **as interações sociais recíprocas**, no qual é avaliado o comportamento de ratos ou ratazanas agrupados. Os parâmetros importantes são: empurrar-se mutuamente com contacto físico, rastejar sobre e por baixo dos outros, perseguir, trepar, lutar, cheirar nariz com nariz e cheirar nariz com anogenital (Bolivar *et al.*, 2007; McFarlane *et al.*, 2008). Os ratos apresentam um comportamento lúdico mais elaborado do que os ratinhos;
Por esta razão, a frequência do comportamento de pinning é frequentemente considerada como uma medida da interação social em ratos (Vanderschuren et al. medida da interação social em ratos (Vanderschuren *et al.*, 1997; Wolterink *et al.*, 2001). Os testes comportamentais são frequentemente repetidos nos mesmos animais ao longo do tempo, a fim de avaliar o comportamento do animal. animais ao longo do tempo, a fim de avaliar as alterações comportamentais em diferentes fases de desenvolvimento (Silverman *et al.*, 2010). Um método mais simples para medir interações sociais anormais é o **teste de aproximação social**; os animais são colocados num ambiente de três câmaras em que podem optar por se aproximar de um novo conspecífico ou de um objeto não social. O animal é considerado mais social se passar mais tempo com o novo co-específico do que com o objeto (McFarlane *et al.*, 2008; Nadler *et al.*, 2004). Outro paradigma simples é o **teste da divisória**, no qual o animal e um co-específico são separados por uma divisória que impede qualquer contacto físico, embora os animais se possam ver, cheirar e ouvir. O tempo passado perto da divisória é uma medida de sociabilidade (Arakawa *et al.*, 2008). Este teste também pode ser utilizado para avaliar a memória social,

definida como o reconhecimento tardio de um co-específico familiar (Silverman *et al.*, 2010). A memória social também pode ser avaliada através do **teste de preferência social**, em que a escolha entre parceiros é medida pelo tempo passado pelo animal sujeito com cada parceiro (Silverman *et al.*, 2010). O último teste para medir as anomalias na interação social em ratos e ratazanas é a capacidade de **transmitir socialmente a preferência alimentar**. Neste teste, a tendência do animal sujeito (observador) para obter informações significativas sobre um novo alimento de um co-específico (demonstrador) é a medida da interação social (Galef, 2003).

A vantagem dos testes descritos nesta secção é que permitem aos investigadores quantificar os resultados comportamentais dos animais de forma linear, ou seja, em que medida um animal do grupo experimental apresenta o comportamento em maior ou menor grau do que os seus homólogos do grupo de controlo. No entanto, a desvantagem é que pode ser difícil distinguir entre os aspectos emocionais e cognitivos do comportamento. Por exemplo, um modelo animal de PEA pode ser cognitivamente incapaz de estabelecer contacto social, mas pode também estar menos motivado para estabelecer contacto social, ou mesmo ter medo do contacto social. É muitas vezes difícil distinguir as causas subjacentes ao comportamento, mas é essencial fazer esta distinção para desenvolver o modelo ideal de PEA. A distinção é possível porque os aspectos emocionais do comportamento envolvem substratos neurais diferentes dos aspectos cognitivos, pelo que os modelos requerem manipulações diferentes.

1.3.3. Medição dos défices de comunicação

Os sintomas associados à segunda parte da tríade das PEA, as perturbações da comunicação, são os seguintes: 1) atraso ou ausência total do desenvolvimento da linguagem falada ( ); 2) nos indivíduos com linguagem adequada, uma perturbação acentuada da capacidade de iniciar ou manter uma conversa com os outros;
3) utilização estereotipada e repetitiva da linguagem ou linguagem idiossincrática ;
4) a ausência de brincadeiras de faz-de-conta variadas e espontâneas ou de jogos de imitação social adequados ao desenvolvimento (American

Psychiatric Association, 2000). O facto de se pensar que os roedores não possuem linguagem falada como os humanos torna difícil identificar um equivalente claro destes sintomas humanos nos roedores. No entanto, estudos realizados nas últimas décadas mostraram que os ratos utilizam uma variedade de **vocalizações ultra-sónicas** para comunicar o seu estado emocional a outros membros do grupo social (Brudzynski, 2013; Nyby & Whitney, 1978; Portfors, 2007). Verificou-se que os ratos distinguem entre duas categorias de vocalizações ultra-sónicas: chamadas de 22 KHz que expressam um estado negativo e chamadas de 50 KHz que expressam um estado positivo (Brudzynski, 2013; Portfors, 2007). As duas chamadas são o produto de circuitos neurais distintos e têm a capacidade de modificar o estado afetivo do recetor. Uma implicação para o TEA poderia ser que os modelos de ratos com TEA são incapazes de distinguir entre essas chamadas diferentes, já que muitos pacientes têm uma capacidade reduzida de extrair informações sobre o estado mental de uma pessoa a partir de sua voz (Rutherford *et al.*, 2002).

Para além das vocalizações ultra-sónicas, as ratazanas e os ratos comunicam através de sinais olfactivos (Keverne, 2002). O papel predominante das modalidades auditivas e olfactivas é importante do ponto de vista etológico, uma vez que ambas as espécies de roedores são nocturnas e passam grande parte do seu tempo em habitats estreitos. Tanto os ratinhos como as ratazanas segregam **feromonas urinárias** utilizadas como marcas olfactivas, que constituem um importante objeto de exploração nestas espécies (Silverman *et al.*, 2010; Tirindelli *et al.*, 2009). Uma medida da comunicação olfactiva pode, por conseguinte, ser a tendência dos ratos sujeitos a explorar a zona anogenital de um novo rato e a procurar marcas olfactivas urinárias no ambiente (Arakawa *et al.*, 2008). Outro teste dos défices de comunicação social é a capacidade do rato para **se habituar a novas pistas olfactivas**. A apresentação repetida do mesmo odor utilizando um cotonete reduzirá, por conseguinte, o tempo gasto a cheirar por indivíduos saudáveis. Pensa-se que os ratos que não estão habituados são menos capazes de distinguir odores novos de odores familiares (Crawley *et al.*, 2007).

Uma vez que a comunicação e a interação social estão inevitavelmente ligadas, é provável que os défices nestas áreas também estejam relacionados. Pode argumentar-se ( ) que os modelos de interação social, que já adquiriram uma substancial validade facial, de construção e preditiva, podem ser mais investigados no que diz respeito aos défices de comunicação aqui descritos.

Uma observação importante sobre este assunto é a já mencionada na secção 1.2.3, que indica que, ao utilizar estes testes comportamentais, os experimentadores devem excluir a possibilidade de funções auditivas ou olfactivas deficientes como causa do comportamento anormal.

1.3.4. Medição de comportamentos repetitivos e estereotipados

A terceira tríade de deficiências do DSM-IV inclui sintomas associados a padrões de comportamento, interesses e actividades restritos, repetitivos e estereotipados. Estes sintomas são os seguintes: 1)
que engloba preocupações sobre um ou mais estereótipos e sobre
Os sintomas da perturbação da personalidade borderline são: 1) padrões restritos de interesse, anormais em intensidade ou foco; 2) adesão aparentemente inflexível a rotinas ou rituais específicos e não funcionais; 3) comportamentos motores estereotipados e repetitivos; 4) preocupação persistente com partes de objectos (American Psychiatric Association, 2000). Tendo em conta estes sintomas, foram encontradas várias analogias com roedores. Por exemplo, padrões restritos de interesse podem ser expressos por uma motivação reduzida para explorar um novo ambiente (Pearson *et al.*, 2011). Isto é medido por uma redução do tempo passado em áreas novas em comparação com áreas familiares. Além disso, foram observados comportamentos estereotípicos espontâneos em ratinhos, como andar em círculos, dar cambalhotas, saltar e cuidar de animais (Ryan *et al.*, 2010).
a introdução do animal num novo ambiente. Embora os ratos não apresentem estereotipias espontâneas, estes comportamentos podem ser induzidos pela exposição pré-natal de ratos ao teratogénio valproato (Reynolds *et al.*, 2012). A duração das sessões de autopalpação é frequentemente uma medida do comportamento estereotípico em roedores (Pearson *et al.*, 2011; Ryan *et al.*, 2010; Silverman *et al.*, 2010). A ênfase na semelhança, ou rigidez comportamental, pode ser testada utilizando tarefas de aprendizagem operante ou de aprendizagem por

reversão, que medem a flexibilidade do animal para passar de um hábito estabelecido para um novo hábito (Silverman *et al.*, 2010). O labirinto aquático de Morris e o labirinto em T são normalmente utilizados em experiências destinadas a medir o nível de inflexibilidade comportamental dos roedores. Nestas experiências, o animal começa por receber um treino de discriminação espacial, durante o qual aprende que o alimento está sempre no braço esquerdo do labirinto em T. O alimento é depois transferido para o braço esquerdo do labirinto em T. O alimento é então transferido para o braço esquerdo do labirinto em T. O alimento é então transferido para o braço esquerdo. O alimento é então transferido para o outro braço, e espera-se que os modelos de roedores com TEA falhem na aprendizagem desta nova localização.

2. Modelos de lesões de ASD

2.1. *Introdução aos modelos de lesões*

2.1.1. Função dos estudos sobre lesões cerebrais

Uma lesão é definida como uma anomalia (ou seja, um dano) num tecido orgânico. Em neurociência, a lesão cerebral (também conhecida como cirurgia cerebral ablativa) pode ser utilizada para compreender a função da área danificada, comparando o comportamento de indivíduos com lesões numa determinada área com o comportamento de indivíduos saudáveis. A cirurgia cerebral ablativa foi introduzida pela primeira vez por Pierre Flourens, um psicólogo francês que ablacionou partes do sistema nervoso em animais e depois estudou os efeitos (Flourens, 1842). Como as lesões cerebrais são irreversíveis, são utilizados modelos animais para induzir artificialmente lesões cerebrais que se assemelhem a neuropatologias específicas associadas a uma determinada doença ou perturbação humana. Estes modelos podem ter um certo nível de validade de construção, uma vez que a mesma anomalia anatómica causa a disfunção biológica tanto no modelo como nos doentes. No entanto, os estudos de lesões colocam sempre um problema de interpretação. Um comportamento que desaparece ou aparece após uma lesão cerebral pode ser o resultado de outras estruturas cerebrais ligadas à área danificada. Em particular, quando regiões do sistema límbico, que se pensa desempenharem um papel crucial na patologia do autismo, são danificadas, há que ter cuidado na interpretação dos resultados comportamentais. O sistema límbico actua como um inibidor de muitas outras funções cerebrais, pelo que uma lesão desta região pode levar à desinibição de outros comportamentos, resultando em todo o tipo de comportamentos que deixam de ser controlados. Estes comportamentos são então erradamente associados à zona danificada. Além disso, como as lesões artificiais são provavelmente causadas de forma diferente das lesões causadas por acidentes ou doenças, a lesão é menos útil para compreender as fases etiológicas iniciais de uma determinada perturbação.

2.1.2. Métodos de indução de lesões cerebrais

Podem ser utilizados vários métodos para provocar danos nos tecidos das regiões cerebrais. As lesões mecânicas (ou seja, cortes com facas ou sucção), as lesões electrolíticas e as lesões por radiofrequência danificam as fibras de passagem e os corpos celulares neuronais, ao passo que as lesões excitotóxicas ou neurotóxicas (ou seja, o processo de danificar as células nervosas por estimulação excessiva de neurotransmissores como o glutamato ou o NMDA (Glenn *et al.*, 2005), deixam essas fibras intactas. Quando as fibras transitórias são danificadas, as áreas conexas do sistema nervoso que não estão necessariamente envolvidas na função cerebral em causa podem, no entanto, ser afectadas pela lesão. Isto pode levar a efeitos secundários no fenótipo comportamental que não estão ligados à área cerebral danificada. Por último, podem ser induzidas lesões temporárias, quer por arrefecimento, quer por anestésicos ou por estimulação magnética transcraniana (EMT). As lesões fictícias nos grupos de controlo fornecem dados para excluir efeitos potencialmente indesejáveis do procedimento no comportamento dos sujeitos.

Um estudo comparativo, no qual foram utilizados vários métodos de lesão para danificar o córtex perirrinal em ratos, demonstrou que diferentes métodos de lesão podem conduzir a diferentes resultados experimentais (Glenn *et al.*, 2005), salientando a necessidade de escolher cuidadosamente o método mais adequado. Além disso, deve ser sublinhada a importância do exame histológico após a experiência, sobretudo quando se trabalha com roedores. O tamanho dos animais pode complicar a precisão do procedimento de lesão. Determinar a extensão e a localização da lesão através da secção do cérebro aumentará a validade da experiência.

2.2. O "cérebro social" e o "cérebro autista".

2.2.1. Áreas cerebrais envolvidas no comportamento social humano

A questão de saber que áreas do cérebro estão envolvidas no comportamento social humano tem sido objeto de grande atenção na investigação passada e presente. A função do cérebro social parece clara e é elegantemente descrita por (Frith, 2007); permite-nos interagir com outros seres humanos e, acima de tudo, prever o que a outra pessoa vai fazer a seguir. Quanto mais previsões uma pessoa conseguir fazer, mais bem sucedida será a interação. Pensa-se que os substratos neurobiológicos subjacentes a esta capacidade de cognição e perceção social envolvem principalmente a amígdala, o córtex orbitofrontal e o córtex temporal (Brothers, 2002), bem como a área corporal extrastriada, a área facial fusiforme, o córtex pré-frontal medial e o córtex temporal superior (Brothers, 2002). pré-frontal medial e o sulco temporal superior (Olexova *et al.,* 2012), que, em conjunto, são frequentemente referidos como "o cérebro social" (Figura 1). O conhecimento da função destas áreas cerebrais em relação à cognição social baseia-se principalmente em estudos de lesões em primatas, cuja revisão é apresentada por Frith (Frith, 2007).

2.2.2. Neuropatologia das Perturbações do Espectro do Autismo

Ainda não existe um consenso universal sobre quais as estruturas cerebrais que estão envolvidas nas PEA e quais as alterações na estrutura cerebral ou na composição celular que podem contribuir para o desenvolvimento da perturbação (Murcia *et al.,* 2005). Embora outras perturbações psicopatológicas tenham endofenótipos estruturais claros que orientam o diagnóstico final, a PEA ainda não dispõe de um "padrão de ouro" para a identificação da perturbação. Dado que as PEA são um défice estritamente sócio-comportamental, é pouco provável que a sua etiologia se baseie em estruturas neuronais independentes. Em vez disso, espera-se que as PEA surjam como resultado de uma interação entre várias regiões cerebrais durante o neurodesenvolvimento, particularmente as do cérebro social (**Figura 1**), em combinação com outros factores. Foram encontradas várias anomalias estruturais em partes do cerebelo e do sistema límbico em pacientes com PEA (Murcia *et al.,* 2005), embora a maioria dos resultados não seja consistente quando se comparam vários estudos. Por exemplo, enquanto alguns estudos de ressonância magnetic

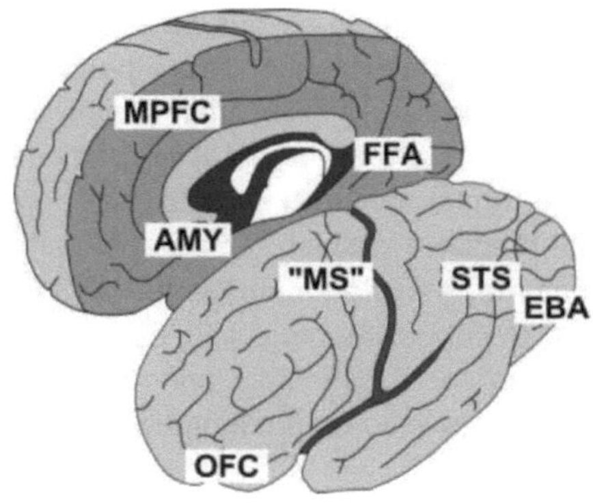

Figura 1. O "cérebro social" humano, incluindo as áreas envolvidas na perceção social e na cognição social. Abreviaturas: AMY = amígdala; EBA = área corporal extrastriada; FFA = área facial fusiforme; MPFC = córtex pré-frontal medial; "MS" = sistema espelho - parte do lobo parietal; OFC, = córtex orbitofrontal; STS = área do sulco temporal superior.

Olexova *et al*, 2012)

estudos de pacientes com TEA encontraram uma diminuição estrutural no volume e tamanho das células da amígdala (Aylward *et al.*, 1999; Herbert *et al.*, 2003), enquanto outros, que se referem a , não encontraram nenhuma mudança estrutural (Bailey *et al.*, 1998) ou até mesmo um aumento no volume da amígdala (Howard *et al.*, 2000). As mesmas inconsistências aplicam-se às anomalias no hipocampo (Aylward *et al.*, 1999; Bailey *et al.*, 1998). O que parece ser consistente em estudos de autópsia é o número reduzido de células de Purkinje no cerebelo de pacientes com TEA (Bailey *et al.*, 1998; Duong *et al.*, 1986; Kemper & Bauman, 1993). No entanto, o tamanho da amostra destes estudos é pequeno, o que sublinha a necessidade de modelos animais válidos para investigar melhor os substratos neurais envolvidos na sintomatologia. A heterogeneidade das anomalias estruturais observadas nos doentes com PEA confirma a ideia anteriormente referida de que vários factores combinados são responsáveis pelo fenótipo comportamental típico. As inconsistências podem também ser explicadas pelo facto de as várias perturbações do espetro do autismo poderem diferir neuropatologicamente, pelo que a sua etiologia deve ser considerada separadamente. Por exemplo, é provável que os doentes com PEA sem atraso mental, como os que sofrem de síndrome de Asperger, tenham uma neuropatologia diferente da dos doentes com défice cognitivo grave. Tendo em conta estas considerações, a atitude em relação aos modelos animais pode também ter de ser reconsiderada, distinguindo entre diferentes modelos para diferentes perturbações do espetro do autismo.

2.3 Modelos de lesões de PEA

2.3.1. Modelos com lesões da amígdala

Embora já tenham sido efectuados estudos de lesão para compreender melhor os substratos neurais envolvidos no comportamento social, um dos primeiros estudos de lesão em roedores centrado na neuropatologia do autismo foi realizado em 2001 (Wolterink *et al.*, 2001). Neste estudo, foram investigados os efeitos da ablação da amígdala no comportamento social de ratos. As lesões da amígdala foram induzidas por infusão de ácido iboténico, uma neurotoxina, em crias de ratos machos 7 ou 21 dias após o nascimento (grupos de lesão precoce e tardia). Para os testes comportamentais, dois ratos com a mesma lesão foram colocados juntos durante 15 minutos. O comportamento lúdico foi medido através da frequência de pin (ou seja, um animal deitado de costas no chão, com o outro animal de pé sobre ele (Vanderschuren *et al.*, 1997)). Para medir a interação social, uma ratazana previamente isolada foi posta em contacto com uma ratazana de estímulo não isolada durante 10 minutos, período durante o qual foi registada a exploração do parceiro através de cheirar ou lamber, aproximar-se ou seguir o parceiro, o aliciamento social e o gatinhar sobre o parceiro. Finalmente, para quantificar o comportamento exploratório, foi efectuado um teste de campo livre (Wolterink *et al.*, 2001). O comportamento lúdico juvenil e o comportamento social foram afectados em comparação com os ratos sem lesões, indicando que a amígdala pode desempenhar um papel essencial na manifestação do comportamento social (Wolterink *et al.*, 2001). Para além disso, muitos ratos caminharam continuamente ao longo das margens durante o teste do campo aberto, permitindo aos autores concluir que exibiam padrões de movimento estereotipados após as lesões da amígdala. Os distúrbios foram observados tanto no grupo de lesão precoce quanto no grupo de lesão tardia da amígdala, embora no grupo de lesão precoce os distúrbios tenham sido mais acentuados na vida posterior. Noutro estudo de Diergaarde e colegas, as lesões excitotóxicas da amígdala em ratos levaram a uma redução da flexibilidade comportamental, que se pensa ser o resultado de perturbações nas ligações neuronais entre a amígdala e o córtex pré-frontal medial numa fase precoce do desenvolvimento (de Bruin *et al.*, 1994; Diergaarde *et al.*, 2005). Estudos realizados por Diergaarde (2005) e

Wolterink (2001) mostram que o momento da lesão durante o neurodesenvolvimento é um fator determinante dos efeitos sobre a função cerebral posterior, uma vez que as ligações entre diferentes áreas cerebrais se formam numa fase precoce e delicada. Este facto tem consequências para o desenvolvimento de perturbações mentais, como a esquizofrenia e as PEA (Daenen *et al.*, 2002; Diergaarde *et al.*, 2005; Wolterink *et al.*, 2001).

Os modelos animais em que a amígdala é danificada são considerados como tendo validade facial e de construção para a PEA humana (Wolterink *et al.*, 2001). O comportamento social reduzido, a inflexibilidade comportamental e os movimentos estereotipados dos ratos eram, de facto, semelhantes aos sintomas da PEA, apoiando a validade facial. No entanto, como vimos na secção 2.2.2, as anomalias observadas na amígdala de pacientes com PEA não são consistentes em todos os estudos. Embora muitos estudos apoiem a hipótese de que a amígdala desempenha um papel essencial no comportamento social, o défice estrutural exato (por exemplo, redução ou aumento do volume ou tamanho das células) que causa as anomalias comportamentais ainda não foi determinado. Além disso, os autores afirmaram que o padrão de marcha contínua dos ratos lesionados era uma forma de comportamento estereotipado. No entanto, este não é o parâmetro normalmente utilizado para quantificar estereotipias. Em vez disso, a duração das sessões de escovagem é a medida geralmente aceite (ver Secção 1.3.4.). O padrão de marcha observado ao longo das paredes do compartimento pode ser uma estratégia normal para um roedor ansioso, dado que reduz o risco de exposição e captura por predadores. Por conseguinte, este parâmetro não tem validade ecológica e é aconselhável reanalisar os vídeos para avaliar o comportamento de auto-cuidado dos ratos feridos. Estes resultados podem, por conseguinte, ser utilizados para aceitar ou rejeitar os padrões de marcha contínua como parâmetro de comportamento estereotipado. Estas medidas são, portanto, necessárias para certificar a validade concetual e preditiva destes modelos de lesão.

2.3.2. Modelos com lesões do cerebelo

Como já foi descrito na secção 2.2.2, a autópsia e os estudos imagiológicos de doentes com PEA revelaram anomalias consistentes no cerebelo. Este facto levou à realização de experiências com lesões cerebelares, de modo a compreender melhor o papel desta área cerebral na neuropatologia das PEA. Um destes estudos analisou os efeitos de lesões cerebelares precoces na linha média do cérebro sobre as funções cognitivas e emocionais em ratos (Bobee *et al.,* 2000). Os autores mediram a atividade motora utilizando um actímetro durante a noite. Os animais lesionados apresentaram uma atividade motora espontânea, interpretada como um comportamento estereotipado, muito provavelmente causado pela desinibição dos circuitos motores. Além disso, a capacidade de atenção foi medida deixando os animais explorar uma área com objectos novos e emitindo um ruído intermitente. Este ruído alterou o comportamento de exploração dos ratos de controlo mais do que o dos ratos lesionados, indicando que os ratos com lesões cerebelares são menos sensíveis às distracções ambientais. Além disso, o comportamento de ansiedade foi medido pelo número de visitas que os sujeitos fizeram aos braços fechados em comparação com os braços abertos de um labirinto mais elevado, bem como pela quantificação do comportamento de enterramento (enterrar um elétrodo na serradura depois de o rato ter recebido um choque elétrico). Os ratos feridos passaram relativamente mais tempo nos braços abertos, e mais ratos feridos enterraram o elétrodo depois de receberem um choque elétrico do que os ratos intactos. Estes resultados indicam uma redução dos níveis de ansiedade como consequência da lesão cerebelar. No entanto, como os autores já referiram, este último resultado pode também ser um efeito da redução da sensibilidade à dor nos ratos lesionados, que é também caraterística dos doentes com PEA. Finalmente, uma tarefa de discriminação social mostrou que os animais lesionados eram mais neofílicos do que os animais de controlo, indicando uma redução da ansiedade. No entanto, este facto está em contradição com uma redução esperada do comportamento exploratório, que é considerado uma caraterística importante do fenótipo das PEA (Balemans *et al.,* 2010). Para além disso, numerosos estudos sugerem um aumento da ansiedade no fenótipo comportamental da PEA, em crianças com PEA (Skokauskas & Gallagher, 2012), bem como em modelos roedores de PEA (Balemans *et al.,* 2010). Portanto, a redução da ansiedade observada em animais lesionados no presente estudo não implica sintomas de TEA em si.

O papel do cerebelo na patologia das PEA parece óbvio, dadas as anomalias consistentes observadas em casos humanos de PEA e os resultados de estudos de lesões cerebelares. No entanto, o papel exato do cerebelo como marcador de PEA ainda não está totalmente esclarecido. De acordo com os autores do estudo acima mencionado, as suas experiências demonstram a validade facial dos modelos, uma vez que as estereotipias e a ansiedade reduzida são caraterísticas comuns dos pacientes autistas. No entanto, alguns dos seus resultados parecem contradizer outros estudos. Isto mostra que é difícil atribuir certas caraterísticas comportamentais a lesões numa área do cérebro. Além disso, os estudos sobre as lesões podem não dar resposta a esta questão, uma vez que as anomalias cerebelares estão associadas a muitas outras perturbações, como a ataxia e a síndrome cognitivo afetivo cerebelar (Schmahmann, 2004). Seria sensato adotar uma abordagem de modelos múltiplos, em que os modelos animais selecionados para outras caraterísticas da PEA são também testados para detetar anomalias cerebelares.

2.4. Pontos fortes e limitações dos modelos de lesão

Os modelos de lesão podem fornecer informações sobre os substratos neuronais subjacentes ao fenótipo da PEA e, por conseguinte, podem fornecer validade de construção para a perturbação. A força destes modelos reside no facto de poderem estabelecer a dupla dissociação entre as lesões cerebrais e as anomalias comportamentais. No entanto, uma limitação importante é o facto de que, quando uma parte específica do cérebro é "desligada" por uma lesão, é provável que o sistema nervoso central como um todo seja influenciado por esta manipulação. Consequentemente, a relação causa-efeito entre o marcador biológico e o resultado comportamental não pode ser facilmente deduzida. Além disso, alguns métodos de lesão danificam as fibras axonais que passam, o que pode levar à disfunção de áreas cerebrais ligadas. Isto pode resultar num fenótipo comportamental alterado que não se deve primariamente à área lesada. Por conseguinte, quando se utilizam métodos de lesão, é preferível utilizar métodos que poupem as fibras, como a lesão neurotóxica.

Um aspeto importante a considerar quando se examina a validade dos modelos de lesão é a plasticidade do cérebro; quando uma área é danificada, outra pode recuperar as suas funções. Este facto é particularmente verdadeiro para as áreas lateralizadas do cérebro. Isto complica ainda mais a interpretação dos estudos de lesão, uma vez que a função exacta de uma área lesionada não pode ser determinada quando essa função é assumida por outra área e, por conseguinte, não se observa qualquer comportamento anormal no animal. Este pode ser o caso, em particular, dos primeiros modelos de lesão descritos neste capítulo. Como o cérebro ainda está em desenvolvimento no momento da lesão, é possível que certas funções sejam assumidas por outras regiões cerebrais. No entanto, as lesões podem ter de ser efectuadas numa fase precoce do desenvolvimento neurológico, uma vez que se presume que as PEA aparecem numa fase muito precoce.

Os testes comportamentais utilizados nos estudos de lesões nem sempre respeitam as normas processuais. Além disso, foram encontrados resultados contraditórios. A normalização dos procedimentos é importante nesta área de investigação, especialmente porque estão envolvidos muitos factores etiológicos e muitos parâmetros comportamentais parecem ser indicativos do desenvolvimento de PEA. Outra limitação é o facto de, nestes modelos, as lesões cerebrais serem induzidas artificialmente. Por conseguinte, não têm valor preditivo. No entanto, a procura de uma anomalia estrutural consistente em doentes com PEA pode ser útil tanto para o diagnóstico das PEA como para a procura de potenciais tratamentos. Embora os modelos de lesão continuem a ser utilizados por esta razão, a acumulação de conhecimentos em genética e o aparecimento de tecnologias de inativação de genes levaram o campo da investigação comportamental a avançar para modelos genéticos, que são discutidos no próximo capítulo. No entanto, os modelos de lesão devem continuar a fazer parte da investigação, embora ainda precisem de ser combinados com os resultados de estudos em humanos e outros modelos, como os modelos genéticos, de modo a colmatar as lacunas entre a validade facial, a validade de construção e a validade preditiva.

3. Modelos genéticos de ASD

3.1. *Introdução aos modelos genéticos*

3.1.1. Estratégias de investigação em genética comportamental

No desenvolvimento de modelos genéticos para doenças humanas, pode ser feita uma distinção entre: 1) a abordagem do comportamento ao gene - ou abordagem descendente - e 2) a abordagem do gene ao comportamento - ou abordagem ascendente. Na abordagem descendente, as estirpes de animais que apresentam espontaneamente sintomas de uma determinada doença são estudadas para identificar genes candidatos que possam ser responsáveis pelo fenótipo patológico. Na abordagem bottom-up, são geradas estirpes com mutações nesses genes candidatos, após o que são utilizados testes comportamentais para avaliar o impacto desses genes no fenótipo comportamental (Oddi *et al.,* 2013). **A figura 2** ilustra as duas estratégias de investigação. Geralmente, o ponto de partida é a identificação de genes candidatos utilizando a abordagem top-down, seguida do estudo do impacto comportamental desses genes através da modificação da sua expressão, quer utilizando abordagens de linha germinal (por exemplo, knock-out ou transgénicos) ou tecnologia somática (por exemplo, antisense, RNAi e transferência de genes) (Sousa *et al.,* 2006).

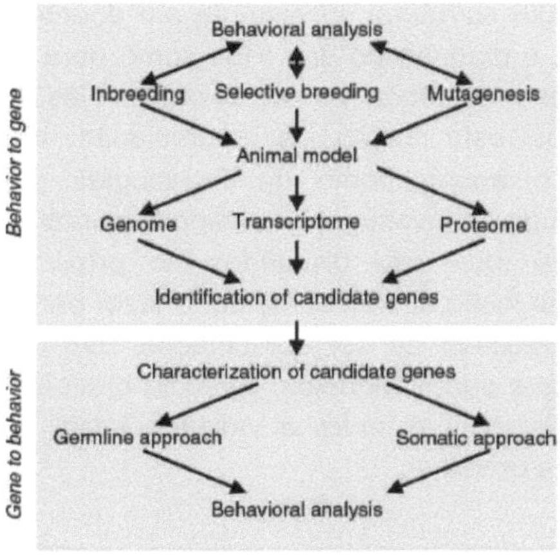

Figura 2. Estratégias de investigação em genética comportamental.
Na estratégia "do comportamento ao gene", os modelos animais são adquiridos através da seleção de fenótipos comportamentais específicos, após o que são identificados os genes candidatos responsáveis pelo comportamento. Uma vez identificados, o impacto comportamental destes genes candidatos pode ser estudado utilizando abordagens de linha germinal ou somáticas (estratégia "do gene ao comportamento").

(Sousa et al., 2006

3.1.2. A base genética das Perturbações do Espectro do Autismo

Embora a neuropatologia das PEA não seja ainda clara, os estudos genéticos de gémeos e de famílias fornecem provas de que a perturbação tem uma componente genética. No entanto, esta técnica coloca o mesmo problema que os modelos de lesão discutidos no capítulo anterior: o papel de um único gene no comportamento não pode ser inferido, uma vez que os traços comportamentais são essencialmente poligénicos. Por conseguinte, é pouco provável que a modificação de um único gene conduza ao (des)aparecimento desse comportamento. No máximo, pode influenciar a gama de variação dentro da qual o comportamento pode aparecer (Sousa *et al.,* 2006). No entanto, o facto de vários genes estarem envolvidos na etiologia das PEA não significa que não os possamos identificar. Muitos genes candidatos têm sido propostos e identificados através de estudos de ligação e associação, varreduras do genoma, análises de rearranjos cromossómicos e rastreios de mutações (Oddi *et al.,* 2013). Genética

Os genes candidatos são um componente da etiologia da PEA, que se pensa envolver uma interação entre múltiplos defeitos moleculares durante o desenvolvimento do cérebro. Os produtos dos genes candidatos propostos pertencem a categorias funcionais distintas: 1) remodelação da cromatina e regulação da transcrição (MeCP2, FMR1); 2) dinâmica do citoesqueleto de actina (TSC1, TSC2, NF1); 3) proteínas de suporte sináptico (SHANK3); 4) proteínas neurológicas (TSC1, TSC2, NF1); 5) proteínas do ADN (TSC1); 6) proteínas do ADN (TSC2).

receptores e transportadores (GRIN2A, GRIK2, GABAR, SLC6A4, SLC25A13, OXTR, AVPR1); 5) sistemas de segundos mensageiros (PRKCB1, CACNA1C, NBEA); 6) adesão celular (NLGN3, NLGN4); e 7) proteínas secretadas (RELN, LAMB1) (revisto por (Persico & Bourgeron, 2006). Existem muitos genes candidatos propostos pela comunidade científica, mas estão longe de ser todos. Este facto ilustra a base genética das PEA: elevada hereditariedade, mas nenhum locus de doença único e facilmente identificável (Murcia *et al.,* 2005). No entanto, apesar da natureza poligénica da etiologia das PEA, foram identificadas mutações que podem causar uma grande parte do fenótipo autista, estando localizadas num único locus. Estes modelos de ratinhos monogénicos são, portanto, considerados informativos sobre os mecanismos subjacentes ao desenvolvimento das PEA (Ey *et al.*, 2011). Estes modelos de nocaute de um único gene, bem como os modelos poligénicos, são discutidos na secção 3.2.

3.1.3. Factores epigenéticos que influenciam as PEA

Durante a última década, foi proposto que a base genética das PEA e de muitas outras perturbações psiquiátricas é complicada por factores epigenéticos (Gould & Gottesman, 2006). Uma mutação heterozigótica no *gene Mecp2* causa a síndrome de Rett nas mulheres, que resulta num fenótipo autista, entre outras anomalias. O MeCP2 induz o silenciamento da transcrição ligando-se a promotores metilados e recrutando complexos corepressores e histona desacetilase. A redução da atividade da MeCP2 resulta na desrepressão da transcrição em promotores específicos que são essenciais para o desenvolvimento e a plasticidade do cérebro, incluindo os que regulam os níveis do fator neurotrófico derivado do cérebro (BDNF), o que pode levar ao desenvolvimento de PEA (Chen *et al.*, 2003). Em vários estudos, foi utilizado um modelo de rato da síndrome de Rett ($Mecp2^{308/y}$) para examinar o papel da atividade do MeCP2 na aquisição de sintomas autistas na síndrome de Rett (Moretti *et al.*, 2005; Shahbazian *et al.*, 2002). A interação social é prejudicada nestes animais, como demonstrado num teste de interação social sem contacto físico. No entanto, os ratinhos $Mecp23^{(08/y)}$ não diferiram dos ratinhos de tipo selvagem no seu comportamento num teste de intrusão de residentes (Moretti *et al.*, 2005). Numa outra experiência, o mesmo modelo de ratinho foi utilizado para verificar se as caraterísticas da síndrome de Rett eram visíveis (Shahbazian *et al.*, 2002). Os ratinhos $Mecp2^{(308/y)}$ deste estudo apresentaram muitos sintomas semelhantes aos da síndrome de Rett humana, mas também caraterísticos da PEA, tais como défices motores, aumento da ansiedade, movimentos estereotipados dos membros anteriores e crises epilépticas (Shahbazian *et al.*, 2002). Os métodos utilizados para obter estes resultados foram: teste da vara vertical, teste do fio pendurado, teste da força de preensão, teste da vara rotativa, teste do tornozelo, teste do campo livre, teste do tubo, teste do intruso residente, teste do medo condicionado e teste da água de Morris. No entanto, foram utilizados os mesmos 19 ratinhos de tipo selvagem e 24 ratinhos mutantes para todos os 10 testes. Quando um número tão grande de testes é utilizado num número relativamente pequeno de animais, é de esperar que certos resultados correspondam às hipóteses. Não foram aplicadas correcções aos resultados, o que torna as conclusões deste estudo altamente questionáveis. Mais uma vez, este facto realça a necessidade não só de um modelo de referência, mas também de uma estratégia de fenotipagem comportamental de referência.

Para além das alterações nos processos de metilação, também se coloca a hipótese de que as interações mãe-filho, como os cuidados maternos, podem influenciar o desenvolvimento cerebral e neuroendócrino a nível epigenético (Champagne & Curley, 2005). Embora pouco se saiba sobre as implicações desta questão na patologia das PEA, o facto de os ratos e os ratinhos prestarem cuidados maternos às suas crias pode facilitar o desenvolvimento de modelos que possam ser utilizados para estudar o papel dos cuidados maternos na etiologia das PEA.

3.2. Modelos genéticos de ASD

3.2.1 Modelos murinos de PEA

O desenvolvimento de modelos genéticos para as Perturbações do Espectro do Autismo começou com o aparecimento de modelos de ratinhos com um único gene eliminado. Exemplos disso são os ratinhos OK para a oxitocina (OT) e OK para o recetor OT (OTR). Os genes candidatos eliminados nestes modelos foram identificados a partir de estudos em humanos, que sugerem que a oxitocina é um fator importante na etiologia do autismo (Modi & Young, 2012). Os modelos de ratinhos OT-KO e OTR-KO são utilizados para caraterizar o impacto comportamental de defeitos genéticos na regulação da oxitocina, seguindo a abordagem "gene para comportamento" apresentada na Figura 2. Assim, neste tipo de modelos, é o mecanismo da perturbação que tem precedência, ou seja, trata-se de estudar se estes genes causam os defeitos comportamentais, e não os sintomas comportamentais da perturbação. Estes ratos exibiram vocalizações ultra-sónicas desviantes quando eram bebés, tendo sido observadas taxas de chamadas reduzidas nas crias OT-KO em comparação com as crias de tipo selvagem quando separadas das suas mães. Uma explicação hipotética para esta observação é que os ratinhos OT-KO podem ser menos sensíveis à separação materna, devido à falta de oxitocina (Winslow & Insel, 2002).

Além disso, os ratos OT-KO apresentam défices no reconhecimento social, observados por uma diminuição da investigação olfactiva dos companheiros de gaiola. Estas anomalias comportamentais indicam uma semelhança com sintomas autistas (Winslow & Insel, 2002). No entanto, estes ratinhos KO podem não ser um bom modelo para a perturbação humana, uma vez que se verificou que os ratinhos (ao contrário dos ratos e dos seres humanos) não necessitam de oxitocina para apresentarem um comportamento sexual e maternal normal (Winslow & Insel, 2002). Assim, os mecanismos comportamentais regulados pela oxitocina podem funcionar de forma diferente nos ratinhos do que nos ratos ou nos seres humanos, realçando o facto de a relevância etológica ser um fator importante que não deve ser esquecido à luz dos modelos animais. Mais importante ainda, outra dificuldade reside no facto de o princípio dos modelos knock-out (ou seja, a desativação de um gene) subestimar a complexidade do desenvolvimento das PEA. Para retomar o exemplo da oxitocina, é pouco provável que as PEA se devam a uma ausência total de produção de oxitocina, uma vez que os doentes humanos com PEA apresentam níveis plasmáticos de oxitocina reduzidos, mas não ausentes (Modahl *et al.*, 1998). É mais provável que a regulação da produção de ocitocina ou a sua função em vias distais esteja perturbada, o que explica parcialmente o fenótipo comportamental. Por conseguinte, estes modelos podem ter validade facial mas não validade de construção. Além disso, o silenciamento de genes é bastante rigoroso e muito provavelmente influenciará outros sistemas cerebrais que não estão envolvidos na patologia da PEA. As consequências comportamentais podem levar a conclusões invalidadas sobre o envolvimento destas áreas cerebrais na etiologia da PEA. Por último, as experiências de "knock-out" não dão ênfase à plasticidade cerebral. Após uma mutação, como a supressão de um gene específico no caso dos modelos knockout, é provável que sejam activados mecanismos para compensar a perda de atividade do gene (Routtenberg, 2002). Consequentemente, a análise do comportamento de ratinhos knockout é sobretudo uma análise da capacidade do animal para lidar com a deleção (ou seja, a sua plasticidade), em vez de uma análise da função do gene deletado (Sousa *et al.*, 2006). Uma alternativa a estes modelos de inativação são, portanto, os modelos de inativação genética condicional, atualmente muito utilizados. Esta tecnologia relativamente nova implica a supressão de um gene alvo num único órgão ou estrutura cerebral, em vez de o inativar em todo o organismo. Isto permite a realização de experiências mais sofisticadas e cientificamente mais precisas. Outra vantagem é que os ratinhos nulos condicionais vivem mais tempo do que os ratinhos nulos tradicionais. Um exemplo de um estudo que demonstra as vantagens dos modelos de ratinhos nulos condicionais em relação aos modelos convencionais é apresentado por (Ferguson *et al.*, 2007), que criaram uma linhagem de ratinhos com uma subunidade p3 condicionalmente inactivada do recetor do ácido y-aminobutírico do tipo A (GABAA-R), que foi identificado como um gene candidato para a síndrome de Angelman e para as PEA (Ferguson *et al.*, 2007). Foram comparados parâmetros comportamentais e outros entre ratinhos com nocaute global de p3 e ratinhos com nocaute seletivo de p3 no prosencéfalo. As medidas relevantes para a PEA foram a avaliação da atividade locomotora espontânea, utilizando um aparelho de teste automatizado de campo aberto, e a aprendizagem operante através de uma tarefa de evitamento passivo. Ambos os grupos de animais nocauteados mostraram um aumento da atividade locomotora e uma diminuição da aprendizagem da evitação passiva em comparação com os ratinhos de controlo (Ferguson *et al.*, 2007), indicando que: 1) os nocautes condicionais têm o mesmo fenótipo comportamental que os nocautes globais, mas não apresentam as caraterísticas indesejáveis destes últimos; 2) a ausência do gene p3 é parcialmente responsável pelo aparecimento de sintomas do tipo autista no local em ratinhos.

Os outros modelos de ratinhos mais frequentemente utilizados na investigação das PEA são as estirpes BTBR, C58/J, BALB e Fmr1-KO. Trata-se de estirpes consanguíneas que apresentam caraterísticas comportamentais consistentes com um ou mais dos critérios de diagnóstico das PEA (défices sociais ou de comunicação, comportamentos repetitivos), e os dados experimentais sobre estes e outros modelos de ratinhos são abundantes (para revisões, ver Provenzano *et al.*, 2012; Silverman *et al.*, 2010). Muitas destas estirpes são desenvolvidas

Os investigadores descobriram que os genes das PEA são especificamente concebidos para modelar outras doenças, como a síndrome do X frágil (Fmr1) ou a síndrome de Rett (Mecp2), mas tendem a apresentar as mesmas anomalias comportamentais que as típicas das PEA. Por conseguinte, pensa-se que contribuem para a nossa compreensão dos mecanismos moleculares coerentes subjacentes a estas perturbações. **O quadro 1 apresenta uma** panorâmica destes modelos, as suas caraterísticas comportamentais relacionadas com as PEA e os testes comportamentais utilizados para validar a presença destes comportamentos. Considerando a tríade de deficiências nas PEA, podem ser tiradas as seguintes conclusões: 1) os défices de interação social são mais frequentemente estudados utilizando testes de interação social, testes de aproximação social e/ou um paradigma de escolha de três compartimentos. Estes testes são frequentemente unidimensionais, tendo o animal apenas um pequeno número de escolhas comportamentais a fazer; 2) os défices de comunicação são sobretudo observados sob a forma de vocalizações ultra-sónicas anormais, enquanto o processamento da informação olfactiva social é raramente estudado; 3) os comportamentos repetitivos são frequentemente observados sob a forma de aumento de grooming e de estereotipias motoras.

Tabela 1. Modelos genéticos de ratinhos e ensaios de fenotipagem comportamental mais frequentemente utilizados na investigação das PEA.

Modelo de ratinho	**Comportamentos semelhantes aos da PEA** (de acordo com Silverman *et al.*, 2010)	**Testes comportamentais**
BTBR	Redução da interação social recíproca • Baixa sociabilidade • Aumento da auto-palpação repetitiva • Reduzir a transmissão social dos alimentos	Teste de interação social e abordagem social Avaliação do comportamento de escovagem espontânea
	preferência (STFP) Vocalizações ultra-sónicas elevadas nos cachorros e reduzidas nos adultos Categorias invulgares de vocalizações ultra-sónicas em cachorros e adultos	• *Teste STFP* Classificação de veículos comerciais ligeiros utilizando um microfone ultrassónico (McFarlane *et al.*, 2008 ; Scattoni *et al.*, 2008 ; Yang *et al.*, 2007)
C58/J	• Baixa sociabilidade Elevado nível de estereotipias motoras repetitivas • Aumento da auto-palpação repetitiva	• Teste de escolha de três compartimentos • Teste STFP • Caixa de ensaio social • Labirinto aquático de Morris • Avaliação dos comportamentos repetitivos (Moy *et al.*, 2008; Ryan *et al.*, 2010)

BALB	• Baixa sociabilidade Não existem diferenças genotípicas na preferência pela novidade social Redução da interação social recíproca Redução das vocalizações ultra-sónicas nas interações sociais entre adolescentes do mesmo sexo Reduzir a recompensa social associada à localização Redução da aprendizagem social em casos de stress social	Teste de interação social, teste de comportamento social • Gravação com microfone ultrassónico • Preferência de lugar condicionada pela sociedade (Moy *et al.*, 2007 ; Panksepp & Lahvis, 2007 ; Panksepp *et al.*, 2007)
Fmr1 KO	• Uma abordagem mais social Redução da interação social recíproca Não há diferenças genotípicas na sociabilidade Não existem diferenças genotípicas na preferência pela novidade social Baixa sociabilidade em função dos antecedentes genéticos Não existem diferenças genotípicas na preferência pela novidade social	• Teste de interação social • Teste de escolha de três compartimentos (McNaughton *et al.*, 2008 ; Moy *et al.*, 2009 ; Spencer *et al.*, 2008)

3.2.2. O aparecimento de modelos de TEA em ratos

Embora a ratazana tenha sido a primeira espécie de mamífero utilizada especificamente para fins de investigação e se tenha tornado rapidamente o modelo animal mais utilizado nas neurociências comportamentais (Suckow *et al.,* 2005), tem sido menos suscetível de manipulação genética do que o ratinho. Por esta razão, os ratinhos são, desde há muito, o modelo padrão para a manipulação genética nas ciências do comportamento. No entanto, como já foi referido no Capítulo 1 do , os ratos têm um comportamento social mais complexo do que os ratinhos e muitos testes de fenotipagem comportamental (por exemplo, o labirinto aquático de Morris e o labirinto em cruz elevado) foram originalmente baseados no comportamento dos ratos. Consequentemente, com o aparecimento de modelos de ratinhos knock-out, o comportamento dos ratinhos é frequentemente analisado como se fosse o dos ratos, atribuindo-lhes capacidades sociais e cognitivas que normalmente não possuem. No entanto, até há pouco tempo, a utilização de modelos de ratinhos era a única forma de estudar os componentes genéticos do comportamento.

Nos últimos anos, contudo, registaram-se novos desenvolvimentos na criação de modelos de ratos knockout, que são promissores para a investigação futura no domínio da genética comportamental. Um laboratório desenvolveu ratos knockout específicos que estão comercialmente disponíveis para a investigação do autismo, incluindo os ratos knockout Fmr1, Mecp2 e mGluR5 (www.sageresearchmodels.com). Para além da sua maior semelhança sócio-comportamental com os seres humanos, existem outras vantagens na utilização de ratos em vez de ratinhos como modelos genéticos para as PEA. Por exemplo, a fisiologia metabólica dos ratos é mais próxima da dos seres humanos do que da dos ratinhos. O rato é, por conseguinte, um animal mais adequado para estudar os processos metabólicos moleculares envolvidos na etiologia das PEA. Além disso, o seu tamanho maior permite efetuar manipulações cirúrgicas com maior precisão. De um modo geral, é plausível que o rato recupere o seu lugar na investigação comportamental no futuro. No entanto, tal como indicado na secção 3.2.2, os modelos knock-out não são os modelos genéticos mais adequados para trabalhar, especialmente tendo em conta a complexidade da PEA enquanto perturbação comportamental cuja etiologia depende de uma interação entre vários genes. Por conseguinte, é necessário desenvolver mais as manipulações genéticas em ratos para criar um modelo ideal para a PEA.

3.3. Vantagens e limitações dos modelos genéticos

Estão a ser utilizados modelos genéticos de roedores para estudar a validade e o impacto dos genes candidatos que se supõe desempenharem um papel na suscetibilidade às PEA. Embora os ratinhos knockout continuem a dominar o campo da investigação, não reflectem a complexidade da perturbação comportamental por várias razões. Em primeiro lugar, a supressão de um gene pode levar a alterações da atividade proteica noutras partes do organismo, que não estão ligadas à etiologia da PEA, mas que podem ser interpretadas como tal quando afectam o comportamento.

fenótipo destes animais. A utilização de modelos de nocaute condicional, que afectam os genes-alvo apenas em áreas específicas, pode contribuir para a validade facial destes modelos. Em segundo lugar, o desenvolvimento da PEA deve-se provavelmente a uma interação entre múltiplos defeitos genéticos, que não podem ser modelados num modelo de gene único. Os modelos poligénicos podem, portanto, contribuir para o nosso conhecimento da etiologia das PEA, uma vez que aumentam a sua complexidade. Em terceiro lugar, uma vez que os modelos de ratinhos são o padrão atual para a genética comportamental, em vez de ratos, devem ser tidas em conta as diferenças comportamentais específicas de cada espécie. O repertório sócio-comportamental e de comunicação dos ratinhos é menos sofisticado do que o dos ratos e dos seres humanos. Por conseguinte, os ensaios de fenotipagem comportamental atualmente utilizados, que foram concebidos principalmente para testar as capacidades comportamentais dos ratos, podem não ser suficientes para extrapolar o comportamento dos ratos para o dos seres humanos. Além disso, em muitos ensaios comportamentais, como o ensaio de escolha de três compartimentos, os animais de ensaio não têm muitas opções comportamentais para escolher. Este facto pode afetar as conclusões que podem ser retiradas da escolha comportamental, uma vez que o comportamento natural do animal não é totalmente apreciado nestas situações. Os novos desenvolvimentos tecnológicos permitem que os cientistas criem geneticamente ratos "knock-out". Dado que os ratos reflectem o comportamento social humano de forma mais próxima do que os ratinhos, este é um desenvolvimento promissor na genética comportamental, que pode ajudar a revelar a etiologia enigmática das PEA.

Tendo em conta todas estas considerações, os modelos genéticos de PEA em roedores são de grande valor para a compreensão dos mecanismos biológicos subjacentes à etiologia da perturbação. No entanto, o facto é que o corpo funciona como um sistema e as consequências da manipulação de uma parte desse sistema não são fáceis de identificar. A utilização de modelos genéticos não será, portanto, suficiente para elucidar completamente a etiologia das PEA, que se pensa incluir influências genéticas, epigenéticas e ambientais. Além disso, os modelos genéticos só oferecem validade facial, mas não validade de construção para a perturbação, uma vez que as mutações conduzem às perturbações bioquímicas observadas na PEA, mas não causam anomalias estruturais e neuropatológicas. A fim de ter em conta a natureza multidimensional da perturbação, é necessária uma abordagem multimodelo, que combine não só modelos genéticos, mas também modelos que ilustrem os factores epigenéticos subjacentes ao desenvolvimento da PEA. No entanto, estes últimos modelos ainda têm de ser desenvolvidos. Por último, estes modelos têm de ser combinados com modelos que ilustrem a influência do ambiente na etiologia das PEA, que serão abordados no próximo capítulo.

4. Modelos para factores ambientais

4.1. A "química" do TEA

O maior grupo de doentes com PEA é, de longe, o PEA idiopático, ou seja, de etiologia desconhecida. No entanto, 10% dos doentes sofrem de PEA "sindrómica", o que significa que os sintomas atribuídos ao autismo são secundários a uma doença genética conhecida, como a síndrome do X frágil ou a esclerose tuberosa, ou causados pela exposição a teratogénicos numa fase precoce do desenvolvimento, como o valproato (Christianson *et al.*, 1994) ou a talidomida (Stromland *et al.*, 1994). Estes resultados levaram à hipótese de que a suscetibilidade à PEA não é apenas determinada por defeitos (epi)genéticos, mas que a perturbação pode também surgir desde as fases mais precoces do desenvolvimento embrionário (Murcia *et al.*, 2005).

Quando se constroem modelos que imitam o desenvolvimento das PEA sindrómicas, os sintomas comportamentais são o ponto de partida para a validação destes modelos, em vez da semelhança do mecanismo subjacente. Isto significa que a validade facial é frequentemente assegurada, mas a validade de construção quase nunca é assegurada utilizando estes modelos. Os modelos mais utilizados para demonstrar a influência dos factores ambientais na etiologia das PEA são: 1) a exposição pré-natal a neurotoxinas, como o ácido valpróico (VPA), a talidomida ou o sevoflurano; e 2) a exposição pré-natal ou perinatal a agentes virais, como o vírus Borna, o vírus da rubéola e a gripe. Estes modelos são frequentemente utilizados para explorar melhor a neuroquímica da PEA. Por exemplo, pensa-se que a inflamação cerebral induzida pela exposição pré-natal a agentes virais é a causa da disfunção imunitária, que pode ser semelhante ao mecanismo subjacente às PEA. Por último, um número crescente de provas sugere que as alterações nos mecanismos neuropeptídicos, como o sistema opióide ou glutamatérgico, estão associadas à etiologia das PEA. Os modelos desenvolvidos para estudar o papel destes factores são discutidos mais adiante neste capítulo. Ao mesmo tempo, **a Tabela 2** apresenta uma visão geral dos modelos e testes comportamentais mais frequentemente utilizados relacionados com manipulações ambientais.

4.2. Construir um modelo através da manipulação do ambiente

4.2.1. Exposição pré-natal a neurotoxinas

O ácido valpróico (VPA ou valproato) é um agente químico utilizado principalmente no tratamento da epilepsia, da perturbação bipolar e da enxaqueca. No entanto, quando tomado durante a gravidez, o embrião tem um risco acrescido de desenvolver sintomas autistas, conhecido como síndroma do valproato fetal (Christensen *et al.,* 2013). Este efeito levou à utilização da exposição pré-natal ao VPA como modelo animal para as PEA (Bristot Silvestrin *et al.,* 2013; Kataoka *et al.,* 2011; Kim *et al.,* 2013; Markram *et al.,* 2007; Markram *et al.,* 2007; Markram *et al.*, 2007; Persico & Bourgeron, 2006; Schneider & Przewlocki, 2004). Pensa-se que o agente é particularmente neurotóxico num momento preciso do desenvolvimento embrionário, ou seja, durante o encerramento do tubo neural. Entre outros defeitos, as lesões neurais provocam deficiências cognitivas associadas a sintomas autistas. Numerosos estudos demonstraram que os ratos expostos ao VPA durante o período pré-natal apresentam alterações comportamentais de tipo autista. Os testes de interação social mostraram que os ratos VPA eram menos sociáveis (Kim *et al.*, 2011; Markram *et al.*, 2007; Schneider & Przewlocki, 2004). Além disso, os ratos apresentaram um comportamento exploratório deficiente num teste de campo aberto (Schneider & Przewlocki, 2004). Além disso, uma diminuição do número de visitas aos braços abertos de um labirinto superior indicou que os ratos expostos ao VPA tinham níveis de ansiedade mais elevados (Markram *et al.*, 2007). Os ratos expostos ao VPA eram menos sensíveis a estímulos dolorosos (Markram *et al.,* 2007; Schneider & Przewlocki, 2004), mas mais sensíveis a estímulos não dolorosos (Schneider & Przewlocki, 2004). Por fim, os comportamentos repetitivos aumentam nos ratos VPA, como demonstrado por um paradigma de alteração espontânea envolvendo um labirinto em Y (Markram *et al.,* 2007) e pelo registo de três pausas consecutivas de fotobeam (Schneider & Przewlocki, 2004). O tratamento pré-natal com VPA em ratos produziu resultados semelhantes, com base no comportamento dos sujeitos num teste de interação social, num teste de campo aberto e num labirinto superior (Kataoka *et al.*, 2011). No entanto, o mecanismo exato pelo qual a exposição ao valproato conduz às anomalias comportamentais observadas na PEA continua por esclarecer. Um estudo recente sugere que a hiperacetilação das histonas induzida pelo VPA desempenha um papel fundamental na formação do fenótipo anómalo (Kataoka *et al.*, 2011).

A talidomida foi introduzida como medicamento na década de 1950, depois de se ter verificado que reduzia os enjoos matinais nas mulheres grávidas. No entanto, foi retirada do mercado em 1962, depois de se ter descoberto que tinha efeitos adversos no desenvolvimento embrionário. Os filhos de mulheres que tomaram talidomida durante a gravidez apresentavam um risco acrescido de desenvolver anomalias morfológicas ( ) e sintomas de Perturbações do Espectro do Autismo (Stromland *et al.*, 1994), semelhantes aos efeitos do VPA. No entanto, a talidomida não parece ter os mesmos efeitos teratológicos em ratos e em primatas (Schumacher *et al.*, 1972), o que explica por que razão os modelos de roedores que envolvem a exposição pré-natal à talidomida podem não ser úteis para extrapolar os efeitos neurotóxicos em roedores para a etiologia das PEA em seres humanos. Assim, os roedores expostos ao VPA são os modelos mais utilizados para demonstrar as influências ambientais no desenvolvimento das PEA.

4.2.2. Exposição pré-natal a agentes virais

Para além da exposição a neurotoxinas, os sintomas de PEA podem também resultar da exposição a infecções virais em fases cruciais do neurodesenvolvimento (Atladottir *et al.*, 2010; Libbey *et al.*, 2005). Há cada vez mais evidências de que a infeção materna por esses vírus leva a uma desregulação imunológica precoce, que pode estar envolvida no desenvolvimento do TEA (Patterson, 2009). No cérebro de pacientes autistas, esta desregulação reflecte-se na ativação da microglia e dos astrócitos, bem como num aumento das citocinas no cérebro e no líquido cefalorraquidiano (Pardo *et al.*, 2005; Vargas *et al.*, 2005). A exposição pré-natal a determinados agentes virais ativa a resposta imunitária materna (Patterson, 2009). Sabe-se que as crianças com rubéola congénita, por exemplo, apresentam níveis mais elevados de sintomas autistas do que as crianças saudáveis (Chess *et al.*, 1978). Da mesma forma, a exposição ao citomegalovírus durante o desenvolvimento precoce pode induzir TEA em alguns casos (Yamashita *et al.*, 2003). No entanto, a literatura sobre modelos de roedores que envolvem a infeção por estes vírus é escassa. Uma infeção viral habitualmente utilizada para modelar a PEA em ratos é a infeção pré-natal com o vírus da doença de Borna (BDV). Os ratos infectados com o BDV apresentam comportamentos semelhantes aos do autismo, pelo que são frequentemente utilizados como modelo animal para as PEA (Lancaster *et al.*, 2007; Pletnikov *et al.*, 2002). Por exemplo, os ratos infectados com o vírus BDV apresentam um número reduzido de comportamentos sociais num teste de interação social (Lancaster *et al.*, 2007). No entanto, não existem estudos de casos de pacientes humanos com PEA associados a infeção pré-natal pelo VDB, pelo que este modelo não oferece validade preditiva. No entanto, o facto de os animais e os doentes autistas partilharem a mesma sintomatologia indica que a validade facial está assegurada. Por conseguinte, este modelo pode ser útil para compreender estes e outros mecanismos ambientais subjacentes que podem levar ao desenvolvimento de PEA.

4.2.3. Isolamento de menores

As primeiras experiências sociais são essenciais para o desenvolvimento de um comportamento social normal. As consequências do isolamento juvenil nas interações sociais posteriores foram amplamente estudadas em ratos (para uma revisão, ver Hall, 1998). Os ratos socialmente privados apresentam um comportamento social reduzido, dependendo da fase de desenvolvimento em que ocorreu o período de privação (Hall, 1998). Uma experiência que envolveu um teste de interação social com ratos isolados precocemente demonstrou que os ratos socialmente privados apresentam uma diminuição da aproximação social, da farejamento anogenital e da exploração social, bem como uma maior latência para a primeira interação social. No entanto, a estrutura destes comportamentos não foi afetada pelo tratamento (Van Den Berg, Caroline L *et al.*, 1999). Estudos demonstraram que as consequências do isolamento juvenil não podem ser revertidas através do realojamento com ratos criados socialmente (Hol *et al.*, 1999). Este facto realçou a importância das interações sociais numa idade jovem, durante a qual os ratos apresentam níveis elevados de comportamento social lúdico (Vanderschuren *et al.*, 1997). Um estudo em que a lesão da amígdala foi combinada com a privação social em ratos mostrou que o isolamento juvenil levou a uma diminuição da duração do comportamento social de cheirar. Além disso, após uma combinação de lesão da amígdala e isolamento dos jovens, a duração total das interações sociais diminuiu (Diergaarde *et al.*, 2004). Para além de descrever a necessidade de estímulos sociais para o desenvolvimento normal, este estudo demonstra os resultados da utilização de uma abordagem multi-modelo, combinando dois modelos potencialmente eficazes de PEA. No entanto, deve ter-se cuidado quando se utilizam modelos múltiplos que ainda não foram totalmente validados. Neste caso. O neurodesenvolvimento dos modelos animais é manipulado a vários níveis, o que torna difícil atribuir as anomalias comportamentais a uma causa específica. Além disso, quando mais de um aspeto é manipulado, é provável que os dois defeitos combinados resultem em alterações fenotípicas ainda mais complexas. Por conseguinte, a combinação de modelos deve ser aplicada com precaução.

4.3. Modelos que implicam alterações nos mecanismos neuropeptídicos

4.3.1. Modelos com opiáceos

Em 1979, Panksepp propôs que os défices de comportamento social caraterísticos do autismo eram causados por uma sobreactividade endógena do sistema opiáceo no cérebro da criança autista (Panksepp, 1979). A teoria básica do seu estudo baseava-se na hipótese de que mecanismos cerebrais semelhantes são responsáveis tanto pela dependência de estupefacientes como pela procura da companhia de outros. Nas suas primeiras experiências, Panksepp administrou doses de drogas opiáceas a animais e observou alterações no seu comportamento semelhantes às observadas no autismo. Os animais estavam menos motivados para procurar contacto social, o que se tornou evidente quando os ratos tratados com morfina escolheram comida em vez de um estímulo social num labirinto em T (Panksepp *et al.,* 1981). Além disso, estes animais eram menos sensíveis a estímulos dolorosos e apresentavam efeitos de aprendizagem invulgares, caracterizados por uma persistência extrema do comportamento, sem que fosse apresentada qualquer recompensa externa (Panksepp, 1979). As suas descobertas levaram à utilização de modelos que envolvem alterações no mecanismo opióide para imitar os sintomas de PEA em roedores. No entanto, estes modelos não têm valor preditivo, uma vez que os doentes com PEA não beneficiam claramente de terapias com antagonistas opiáceos, como a naloxona ou a naltrexona (Tordjman *et al.,* 2007). No entanto, as descobertas iniciais de Panksepp levaram a estudos mais pormenorizados sobre os mecanismos subjacentes envolvidos. Outros estudos mostraram também que o sistema opióide medeia a recompensa social em ratos (Trezza *et al.*, 2011; Vanderschuren *et al.*, 1995; Vanderschuren *et al.*, 1997). Os autores verificaram que a administração de morfina aumentava o comportamento de brincar em ratos, um comportamento que se pensa ter um elevado valor de recompensa social nestes animais. Em contrapartida, a administração de naloxona, um antagonista opióide, reduziu o comportamento de jogo (Trezza *et al.*, 2011). Este facto indica que a manipulação de um

A necessidade do animal de obter recompensa social através da administração de drogas opiáceas pode constituir um modelo adequado para as PEA.

4.3.2. Modelos que envolvem o glutamato

Embora o mecanismo exato não seja claro, pensa-se que a PEA envolve uma perturbação da excitação ou inibição dos neurotransmissores em fases cruciais do neurodesenvolvimento (Rubenstein & Merzenich, 2003). Como o glutamato é o principal neurotransmissor excitatório do sistema nervoso, pensa-se que desempenha um papel na etiologia das PEA. Por conseguinte, os modelos animais que envolvem a manipulação destes neuroquímicos podem ser modelos potencialmente valiosos para o estudo das PEA. Nos últimos anos, os astrócitos também têm sido considerados importantes, uma vez que mantêm o microambiente neuronal e modulam as sinapses excitatórias (Bristot Silvestrin *et al.*, 2013). Um estudo post-mortem que examinou os cérebros de 10 doentes autistas revelou anomalias nos receptores de glutamato do tipo AMPA e nos transportadores de glutamato no cerebelo. Foi sugerido que estas anomalias estão diretamente envolvidas na patologia da PEA (Purcell *et al.*, 2001). Além disso, num estudo recente, a espetroscopia de ressonância magnética de protões foi utilizada para revelar níveis de glutamato no sangue e no cérebro significativamente mais elevados em doentes com PEA do que em controlos saudáveis (Hassan *et al.*, 2013). Os níveis elevados de glutamato encontrados em pacientes com TEA neste estudo indicam que o TEA pode ser um distúrbio hiperglutamatérgico. Em contraste, alguns anos antes foi sugerido que o desenvolvimento do TEA poderia ser causado por um defeito hipoglutamatérgico, com base em descobertas de que a administração de antagonistas NMDA induzia sintomas semelhantes aos do TEA em ratos saudáveis (Carlsson, 1998). Os ratos foram injectados com o antagonista NMDA, reserpina, que estimulou a sua atividade motora, medida com um medidor eletrónico de motilidade (Carlsson & Carlsson, 1989). No entanto, não se sabe se os antagonistas NMDA afectam as caraterísticas de sociabilidade e de comunicação. De um modo geral, estes resultados indicam que o papel do sistema glutamatérgico na fisiopatologia da PEA é bastante complexo e não se limita a uma quantidade excessiva ou reduzida do neurotransmissor excitatório. Outros estudos examinaram a possibilidade de utilizar as vias glutamatérgicas como tratamento farmacológico para o TEA (Burket *et al.*, 2011; Silverman *et al.*, 2009). Ambos os estudos utilizaram modelos genéticos de ratinhos com PEA para avaliar os efeitos do antagonista do glutamato MPEP no repertório comportamental semelhante ao do PEA destes animais. Silverman e colegas utilizaram ratinhos BTBR (ver Capítulo 2) e examinaram o efeito da administração de MPEP na sociabilidade e na auto-palpação. Utilizaram um teste de escolha de três compartimentos para avaliar a abordagem social e mediram o tempo cumulativo passado a escovar os dentes para avaliar a tendência para comportamentos repetitivos. Os autores verificaram uma redução da auto-limpeza, mas a sociabilidade da estirpe de ratinhos BTBR não melhorou (Silverman *et al.*, 2009). Burket e colegas utilizaram ratos BALB/c, outro modelo de rato com PEA (ver Capítulo 2), e testaram o efeito da MPEP na sua sociabilidade, utilizando um teste de escolha de três compartimentos. Os autores concluíram que, embora alguns aspectos do comportamento social tenham melhorado, como o aumento do tempo passado a cheirar o rato de estímulo, outros não foram afectados, como o tempo passado no compartimento que continha o rato de estímulo (Burket *et al.*, 2011).

Embora estas últimas experiências sugiram, de facto, que o sistema glutamatérgico pode estar envolvido no desenvolvimento da PEA, o papel dos antagonistas do glutamato como tratamento dos sintomas permanece pouco claro. Além disso, o facto de os autores terem utilizado modelos genéticos de ratinhos para testar o efeito dos antagonistas do glutamato talvez não seja pragmático, uma vez que estes modelos ainda não têm validade facial, poder de construção ou de previsão. Os resultados destes estudos devem, portanto, ser interpretados com cautela.

4.3.2. Modelos com ocitocina

A oxitocina (OT) desempenha um papel importante no processamento social e na criação de laços sociais. Verificou-se que as crianças com autismo têm níveis mais baixos de OE (Modahl *et al.*, 1998). Além disso, a administração intranasal de EO a pacientes com PEA resulta num aumento da interação social, da confiança e da atenção a estímulos socialmente informativos (Andari *et al.*, 2010). Esses achados sugerem que modelos animais com produção reduzida de EO ou processamento anormal de EO são considerados modelos válidos de TEA (para uma revisão, ver Modi & Young, 2012). Embora os modelos de EO baseados no genótipo, como os ratinhos OT-KO e OTR-KO, já tenham sido discutidos no capítulo anterior, as manipulações ambientais do sistema de EO também são utilizadas como modelo. Por exemplo, foi demonstrado que a administração intracerebroventricular de oxitocina em ratos aumenta as interações sociais entre ratos adultos (Witt *et al.*, 1992). Neste estudo, foram implantadas bombas osmóticas em ratos machos, permitindo a administração de oxitocina nos seus sistemas. Os parâmetros comportamentais medidos foram a latência, a duração e a frequência das interações sexuais com uma fêmea de rato de estímulo, bem como o comportamento exploratório num campo aberto. Verificou-se que os machos OT tinham contactos físicos duas vezes mais longos do que os controlos, mesmo na ausência de interações sexuais. Os machos OT também tinham mais cheiros e cuidados anogenitais, mas o seu comportamento sexual não foi afetado pelo tratamento OT. Os autores propõem que a oxitocina aumenta as interações sociais não sexuais através da modificação do processamento olfativo e somatossensorial (Witt *et al.*, 1992). Isto pode ter implicações nas PEA, uma vez que a OT aumenta a sociabilidade, também em humanos (Andari *et al.*, 2010). No entanto, os ratos deste estudo mostraram um aumento na auto-palpação, que é frequentemente interpretada como um comportamento estereotipado. Consequentemente, o modelo não fornece resultados consistentes relativamente à tríade de deficiências das PEA.

Não são numerosos os estudos sobre a administração de ocitocina em roedores em relação ao TEA. No entanto, podem ser encontrados vários estudos em que outros animais, como primatas ou porcos, ou seres humanos, foram utilizados para examinar os efeitos da oxitocina nas interações sociais. No entanto, estes estudos estão para além do âmbito desta tese.

Tabela 2. Modelos e testes comportamentais mais frequentemente utilizados para ilustrar as influências ambientais na etiologia das PEA.

Modelo de roedor	**Tipo de modelo**	**Comportamentos semelhantes aos da PEA**	**Testes comportamentais**
VPA	Exposição a neurotoxinas	• Comportamento exploratório mais fraco Sensibilidade reduzida a estímulos dolorosos • Redução da interação social • Aumento do comportamento repetitivo • Aumento da ansiedade	Pequeno campo aberto com buracos na parede Ensaio da cauda e ensaio térmico de retirada da perna Bebés: comportamento de fixação. Adultos: teste de interação social Medição da quebra de feixes fotográficos, um paradigma para a alteração espontânea • Labirinto elevado mais (Kim *et al.*, 2011; Markram *et al.*, 2007; Markram *et al.*, 2007; Schneider & Przewlocki, 2004)
Vírus da doença de Borna	Exposição a um agente viral	- Redução da interação social	Teste de interação social no terreno (Lancaster *et al.*, 2007 ;
			Pletnikov *et al.*, 2002)
Isolamento de menores	Estratégia de habitação	• Redução da exploração social • Diminuição do cheiro anogenital • Abordagem/acompanhamento reduzidos	- Teste de interação social (Van Den Berg, Caroline L *et al.*, 1999)
Opiáceos	Administração de neuropeptídeos	• Redução da necessidade de contacto social • Menos sensível a estímulos dolorosos Persistência extrema do comportamento	- Labirinto em T, comportamento lúdico (Panksepp *et al.*, 1981 ; Trezza *et al.*, 2011)
Antagonista do glutamato	Administração de neuropeptídeos	Ligeira melhoria da sociabilidade em ratinhos BALB/c Redução da autopalpação em ratinhos BTBR e BALB/c	Teste de escolha de três compartimentos Tempo acumulado de escovagem (Burket *et al.*, 2011 ; Silverman *et al.*, 2009)

Oxitocina	Administração de neuropeptídeos	Aumento da interação social não sexual • Aumento da auto-palpação	Teste de interação social com uma mulher • Ensaio em campo aberto (Witt *et al.*, 1992)

4.4. Pontos fortes e limitações dos modelos ambientais

Tal como muitas outras perturbações psiquiátricas, as PEA devem-se muito provavelmente a uma orquestração de factores genéticos e ambientais. Embora uma criança possa estar predisposta para as PEA devido à sua constituição genética, as experiências pré e pós-natais podem ter uma influência substancial no neurodesenvolvimento. Os modelos que imitam estas experiências podem ser um meio valioso para compreender melhor os processos perinatais subjacentes à fisiopatologia das PEA. Além disso, as manipulações externas, como a infusão de neuropeptídeos ou a indução de inflamação, são mais fáceis de realizar do que as manipulações genéticas. Este é particularmente o caso dos ratos, cujo genoma é mais difícil de manipular do que o dos ratinhos. Como já estabelecemos que os ratos são um modelo mais adequado do que os ratinhos para a PEA, a vantagem de utilizar modelos ambientais em vez de modelos genéticos parece óbvia. No entanto, dada a natureza gene-ambiente da PEA, os modelos ambientais, por si só, não fornecerão todas as informações sobre a biologia do desenvolvimento da doença. Além disso, o facto de estes modelos imitarem o desenvolvimento da PEA sindrómica e não idiopática indica que não é o mecanismo da PEA que é utilizado para validar estes modelos, mas sim a semelhança dos sintomas comportamentais dos roedores com os das crianças com PEA. Este facto sugere que os modelos não oferecem validade de construção, embora ofereçam validade facial.

Dentro da categoria de modelos que manipulam factores ambientais para examinar aspectos da etiologia das PEA, um modelo é por vezes utilizado como base para testar outro modelo. Por exemplo, Silvestrin (2013) utilizou ratos expostos pré-natalmente ao VPA como modelo para examinar o papel das alterações dos receptores de glutamato na neurobiologia das PEA. Além disso, foram utilizadas as estirpes de ratinhos BTBR e BALB/c para examinar os efeitos da administração de antagonistas do glutamato nos comportamentos autistas destes ratinhos.

Embora uma abordagem multi-modelo seja geralmente encorajada, há que ter cuidado ao interpretar os resultados. Afinal de contas, um modelo tem de ter uma elevada validade facial, de construção e preditiva antes de poder ser utilizado como modelo para testar outras previsões.

5. Conclusão

5.1. Rumo a um modelo ótimo para o TEA

5.1.1. Desenvolvimento de modelos genéticos de ratos

O futuro da modelação das PEA deve centrar-se em modelos de ratos, uma vez que estes têm um repertório sócio-comportamental mais rico do que os ratinhos. Além disso, o seu sistema de comunicação é mais complexo do que o dos ratos, uma vez que distinguem claramente entre vocalizações ultra-sónicas que representam um estado positivo ou negativo. Este facto tem implicações para as Perturbações do Espectro do Autismo, uma vez que um modelo válido de Perturbação do Espectro do Autismo em ratos não seria hipoteticamente capaz de fazer esta distinção, uma vez que a sua capacidade de distinguir entre emoções positivas e negativas estaria comprometida. Embora os ratos sejam atualmente o padrão para modelos genéticos, os novos desenvolvimentos nas tecnologias de knockout genético tornaram possível conceber modelos de knockout em ratos, tornando-os adequados como modelos genéticos (Wohr & Scattoni, 2013). No entanto, a utilização de modelos de nocaute não permite avaliar plenamente a complexidade da perturbação, uma vez que se pode estabelecer que uma doença psiquiátrica como a PEA não é causada pela disfunção de um único gene. Além disso, a inativação de um gene em todo o organismo terá efeitos noutros locais, não relacionados com o fenótipo da doença. É por isso que temos de continuar a desenvolver tecnologias genéticas para criar ratos knock-out condicionais, que podem inativar um gene num ponto específico. Quando esta ferramenta é combinada com modelos poligénicos, que têm em conta os múltiplos genes envolvidos na etiologia da PEA, estamos a caminho de conceber um modelo ótimo de rato. Embora, no futuro, os modelos genéticos devam centrar-se nos ratos, os ratinhos são uma espécie mais prática para utilizar nas estereotipias. Nos ratinhos, observam-se frequentemente estereotipias espontâneas, ao passo que é difícil induzir estereotipias nos ratos. Isto sugere que a investigação em ratos pode ainda dar um contributo importante para a compreensão de todo o repertório comportamental caraterístico da PEA.

5.1.2. Integração de factores genéticos e ambientais

Existem provas consideráveis que sugerem que uma criança está predisposta a desenvolver uma PEA devido a uma interação complexa e dinâmica entre influências genéticas e ambientais (Olexova *et al.*, 2012).

Os modelos animais devem, portanto, refletir esta ação combinada da natureza e do ambiente. Os modelos atualmente utilizados na investigação das PEA são quase todos baseados em modificações genéticas ou na manipulação de factores ambientais. É necessário prestar mais atenção ao desenvolvimento de uma abordagem baseada em modelos combinados, em que a natureza multi-traço das PEA esteja representada. Nestes modelos, vários genes candidatos podem ser testados em condições ambientais que se pensa influenciarem o desenvolvimento da perturbação. Uma das principais vantagens desta abordagem é o facto de os modelos genéticos oferecerem validade de construção, uma vez que imitam o mecanismo que leva ao desenvolvimento das PEA, enquanto os modelos ambientais oferecem validade facial, uma vez que imitam principalmente os sintomas comportamentais comuns nos doentes com PEA. Uma combinação dos dois pode, por conseguinte, resultar num modelo mais robusto. Por exemplo, é possível testar a suscetibilidade de um ratinho (ou, melhor ainda, de uma ratazana) com nocaute condicional da oxitocina desenvolver caraterísticas fenotípicas semelhantes às das PEA após exposição pré-natal ao ácido valpróico, em comparação com animais não expostos a neurotoxinas e com animais de tipo selvagem.

Outro conselho importante é procurar fazer um levantamento pormenorizado de todos os efeitos secundários (endo)fenotípicos de uma manipulação, quer sejam genéticos ou ambientais. Isto é necessário para compreender o funcionamento do corpo como um todo, em vez de examinar uma parte isolada de outra. Afinal de contas, não é possível isolar uma parte do sistema nervoso sem afetar as outras. Por conseguinte, as experiências devem ser concebidas tendo em conta este facto. Desta forma, podem ser descritas relações mais pormenorizadas entre a manipulação e a resposta. Se a perda de função for de alguma forma compensada por outro gene ou outra área, a manipulação não terá qualquer efeito líquido no sistema como um todo (Sousa *et al.*, 2006). É por isso que é necessário combinar as duas abordagens.

Uma nota final sobre a procura do modelo perfeito para as Perturbações do Espectro do Autismo é o facto de podermos ter de considerar modelos diferentes para perturbações diferentes. Por exemplo, o fenótipo de Asperger difere consideravelmente do fenótipo da síndrome de Rett. Por conseguinte, é pouco provável que um único modelo para ambas as perturbações seja suficiente. Embora possa ser útil para efeitos de diagnóstico agrupar estas perturbações sob a égide das PEA, esta categorização pode ser menos vantajosa em termos de desenvolvimento de modelos.

5.2. Considerações sobre a fenotipagem comportamental

5.2.1. O padrão de ouro da fenotipagem e da multidimensionalidade

Atualmente, não existe uma norma de ouro na investigação do fenótipo comportamental. Isto é ilustrado pelo facto de muitos testes comportamentais serem utilizados para medir o mesmo parâmetro. Nas PEA, as estereotipias são mais frequentemente medidas pela duração da auto-palpação, embora alguns estudos estejam a considerar uma forma alternativa de quantificar este comportamento. Como discutido no Capítulo 2, o caminhar contínuo ao longo das bordas do compartimento durante um teste de campo aberto foi considerado um comportamento estereotípico pelos autores do estudo (Wolterink *et al.,* 2001). No entanto, dado que este comportamento é etologicamente relevante na situação de teste (provavelmente) provocadora de ansiedade, este parâmetro não oferece validade ecológica. Além disso, o facto de ser utilizado um parâmetro diferente dificulta a comparação dos resultados desta experiência com as quantificações da autopalpação efectuadas noutros estudos. Outro exemplo é o estudo referido no capítulo 3, no qual foi utilizado um conjunto de 10 testes comportamentais para medir as estereotipias e a ansiedade num grupo relativamente pequeno de ratinhos (Shahbazian *et al.,* 2002). Alguns destes testes nunca tinham sido comunicados antes e não foram propostas correcções para ter em conta o baixo poder do estudo. Estes são dois exemplos em que um teste de fenotipagem de referência validado para quantificar parâmetros comportamentais é essencial para a investigação comportamental.

No entanto, esta norma de ouro não implica necessariamente uma normalização; o problema dos procedimentos experimentais normalizados é que muitas vezes não são facilmente generalizados para o mundo exterior ao laboratório (Wurbel, 2002). Dado que um fenótipo é influenciado tanto pelo contexto genético como pelo contexto ambiental, esta variabilidade natural deve ser tida em conta aquando da avaliação do comportamento de um animal. Só então o modelo pode alcançar validade externa. Um comentário importante sobre os actuais testes de fenotipagem comportamental neste contexto é a unidimensionalidade de muitos testes. Por exemplo, vimos que o teste de escolha de três compartimentos é um instrumento comum para avaliar a necessidade de interação social de um animal. No entanto, os ratos e ratazanas submetidos a este teste têm geralmente três opções: dirigir-se a um estímulo social (conspecífico), a um estímulo não social (por exemplo, um alimento) ou ficar quieto. Nesta situação, o comportamento natural do animal não é totalmente apreciado por várias razões. Por exemplo, a ratazana ou o rato não podem optar por fugir completamente da situação. Além disso, normalmente só há um alimento para escolher e apenas um estímulo social. O animal pode ter preferências pessoais, que fazem parte da sua ecologia comportamental. Estes aspectos não são tidos em conta nesta situação de teste. Por conseguinte, é aconselhável conceber estes paradigmas de uma forma multidimensional, a fim de facilitar a variação e aumentar assim a validade externa e ecológica.

5.2.2. Parâmetros comportamentais promissores

As vocalizações ultra-sónicas dos ratos podem ser um indicador muito útil de défices de comunicação. Como descrito acima, os ratos distinguem entre duas categorias de frequências, que representam emoções negativas ou positivas. Um modelo de ratazana com PEA seria incapaz de distinguir estes diferentes sinais de comunicação dos seus conspecíficos, uma vez que os doentes com PEA não conseguem frequentemente ler os estados emocionais na voz dos outros (Rutherford *et al.,* 2002). Esta propriedade facilita as implicações da utilização de vocalizações ultra-sónicas em ensaios de fenotipagem comportamental. Por exemplo, quando os ratos manipulados não respondem a chamadas de aviso como os seus controlos, podem apresentar défices semelhantes aos dos doentes com PEA. É evidente que temos de controlar a possibilidade de os defeitos auditivos serem a causa das anomalias comportamentais, em vez de defeitos em funções cerebrais superiores.

Outro parâmetro importante que não tem sido utilizado com frequência é a utilização de pistas olfactivas sob a forma de marcas de cheiro, para avaliar o comportamento dos ratos em relação à PEA. Como foi referido no capítulo 1, as ratazanas e os ratos utilizam pistas olfactivas em muitos contextos sociais diferentes, o que explica a sua relevância para a perturbação de privação social TEA. Esta caraterística tem sido frequentemente aplicada a ratos (Wohr & Scattoni, 2013), mas a literatura sobre estudos em ratos que utilizam pistas olfactivas é escassa. Foi levantada a hipótese de uma interação entre o processamento da informação olfactiva e as vocalizações ultra-sónicas, o que torna estes parâmetros particularmente interessantes de estudar (Silverman *et al.*, 2010).

Fizemos progressos consideráveis em direção a um modelo ideal de PEA. Uma análise crítica dos modelos atualmente em uso e dos testes de fenotipagem comportamental aplicados ajudará a apontar o caminho para o futuro. Os modelos animais são sempre um compromisso entre a imitação da complexidade da doença real e a conceção de experiências práticas. Ao combinar conhecimentos, reduzimos o funil em direção não só a um modelo de referência, mas também a uma estratégia de fenotipagem comportamental de referência, aumentando assim a capacidade translacional do modelo animal.

Anexo I

Critérios de diagnóstico da perturbação autista segundo o DSM-IV

(I) Um total de seis (ou mais) elementos de (A), (B) e (C), incluindo pelo menos dois de (A) e um de (B) e (C).

(A) uma alteração qualitativa da interação social, manifestada por pelo menos dois dos seguintes elementos :

1.assinalou deficiências na utilização de múltiplos comportamentos não verbais, como o olhar, a expressão facial, a postura corporal e os gestos para regular a interação social

2. a incapacidade de desenvolver relações com os seus pares de acordo com o seu nível de desenvolvimento

3. falta de procura espontânea de partilhar prazeres, interesses ou realizações com os outros (por exemplo, não mostrando, trazendo ou apontando objectos de interesse para os outros).

4.falta de reciprocidade social ou afectiva (nota: na descrição, são referidos os seguintes aspectos: não participar ativamente em jogos sociais simples, preferir actividades solitárias ou envolver os outros em actividades apenas como instrumentos ou ajudas "mecânicas").

(B) perturbações qualitativas da comunicação manifestadas por, pelo menos, um dos seguintes factores

1. atraso ou ausência total no desenvolvimento da linguagem falada (não acompanhada de uma tentativa de compensação por outros meios de comunicação, como gestos ou mímica)

2. em pessoas com boa dicção, uma diminuição acentuada da capacidade de iniciar ou continuar uma conversa com outras pessoas

3. uso estereotipado e repetitivo da linguagem ou linguagem idiossincrática

4. falta de jogos de faz-de-conta variados e espontâneos ou de jogos de imitação social adequados ao desenvolvimento

(C) padrões restritos, repetitivos e estereotipados de comportamento, interesses e actividades, manifestados por pelo menos dois dos seguintes aspectos

1. preocupação com um ou mais interesses estereotipados e restritos de intensidade ou concentração anormais
2. adesão aparentemente inflexível a rotinas ou rituais específicos e não funcionais
3. comportamento motor estereotipado e repetitivo (por exemplo, bater palmas ou torcer as mãos ou os dedos, ou movimentos complexos de todo o corpo)
4. preocupação persistente com partes de objectos

(II) Atrasos ou anomalias em pelo menos uma das seguintes áreas, que aparecem antes dos 3 anos de idade:

A. interação social
B. a linguagem utilizada na comunicação social
C. jogo simbólico ou imaginativo

Referências

American Psychiatric Association (2000) *Diagnostic and Statistical Manual of Mental Disorders: DSM-IV-TR.* American Psychiatric Publishing, Inc, .

Andari, E., Duhamel, J., Zalla, T., Herbrecht, E., Leboyer, M. & Sirigu, A. (2010) Promovendo o comportamento social com oxitocina em transtornos do espetro do autismo de alto funcionamento. *Proceedings of the National Academy of Sciences,* 107, 4389-4394.

Arakawa, H., Blanchard, D.C., Arakawa, K., Dunlap, C. & Blanchard, R.J. (2008) O comportamento de marcação de cheiro como uma comunicação odorífera em ratos. *Neuroscience & Biobehavioral Reviews,* 32, 12361248.

Atladottir, H. O., Thorsen, P., Ostergaard, L., Schendel, D.E., Lemcke, S., Abdallah, M. & Parner, E.T. (2010) Infeção materna que requer hospitalização durante a gravidez e perturbações do espetro do autismo. *J. Autism Dev. Disord,* 40, 1423-1430.

Aylward, E., Minshew, N., Goldstein, G., Honeycutt, N., Augustine, A., Yates, K., Barta, P. & Pearlson, G. (1999) MRI volumes of amygdala and hippocampus in non-mentally retarded autistic adolescents and adults. *Neurology,* 53, 2145-2145.

Bailey, A., Luthert, P., Dean, A., Harding, B., Janota, I., Montgomery, M., Rutter, M. & Lantos, P. (1998) A clinicopathological study of autism. *Brain,* 121, 889-905.

Balemans, M., Huibers, M.M., Eikelenboom, N.W., Kuipers, A.J., van Summeren, R.C., Pijpers, M.M., Tachibana, M., Shinkai, Y., van Bokhoven, H. & Van der Zee, Catharina EEM (2010) Redução da exploração, aumento da ansiedade e perturbações do comportamento social: Caraterísticas autistas dos ratinhos knockout heterozigóticos da eucromatina histona metiltransferase 1. *Behav. Brain Res.* 208, 47-55.

Baron-Cohen, S. (2000) Theory of mind and autism: A fifteen year review .

Bobee, S., Mariette, E., Tremblay-Leveau, H. & Caston, J. (2000) Effects of early midline cerebellar lesion on cognitive and emotional functions in the rat. *Behav. Brain Res.* 112, 107-117.

Bolivar, V. J., Walters, S.R. & Phoenix, J.L. (2007) Avaliação do comportamento semelhante ao autismo em ratos: Variações nas interações sociais entre estirpes consanguíneas. *Behav. Brain Res.* 176, 21.

Brink, W.J. van den (1989) *Dierproeven - waarom?* FPB Uitgevers, Drachten/Leeuwarden.

Bristot Silvestrin, R., Bambini-Junior, V., Galland, F., Daniele Bobermim, L., Quincozes-Santos, A., Torres Abib, R., Zanotto, C., Batassini, C., Brolese, G., Goncalves, C.-.Riesgo, R. & Gottfried, C. (2013) Modelo animal de autismo induzido pela exposição pré-natal ao valproato: metabolismo do glutamato prejudicado no hipocampo. *Brain Research,* 1495, 52-60.

Brothers, L. (2002) The social brain: A project to integrate primate behaviour and neurophysiology into a new field. *Foundations in social neuroscience,* , 367-385.

Brudzynski, S. M. (2013) Etotransmissão: Comunicação de estados emocionais através da vocalização ultra-sónica em ratos. *Curr. Opin. Neurobiol*, .

Burket, J. A., Herndon, A.L., Winebarger, E.E., Jacome, L.F. & Deutsch, S.I. (2011) Efeitos complexos do antagonismo mGluR5 na sociabilidade e comportamentos estereotipados em ratos: Possíveis implicações para a farmacoterapia das perturbações do espetro do autismo. *Brain Res. Bull*, 86, 152-158.

Carlsson, M. & Carlsson, A. (1989) O antagonista NMDA MK-801 provoca uma estimulação locomotora acentuada em ratinhos com depleção de monoamina. *J. Neural Transm.* 75, 221-226.

Carlsson, M. (1998) Hypothesis: Is infantile autism a hypoglutamatergic disorder? relevance of glutamate-serotonin interactions for pharmacotherapy. *J. Neural Transm.* 105, 525-535.

Champagne, F. A. & Curley, J.P. (2005) How social experiences influence the brain. *Curr. Opin. Neurobiol*, 15, 704-709.

Chen, W. G., Chang, Q., Lin, Y., Meissner, A., West, A.E., Griffith, E.C., Jaenisch, R. & Greenberg, M.E. (2003) A desrepressão da transcrição de BDNF envolve a fosforilação dependente de cálcio de MeCP2. *Science Signaling*, 302, 885.

Chess, S., Fernandez, P. & Korn, S. (1978) Behavioral consequences of congenital rubella. *J. Pediatr.* 93, 699-703.

Christensen, J., GrOnborg, T.K., SOrensen, M.J., Schendel, D., Parner, E.T., Pedersen, L.H. & Vestergaard, M. (2013) Prenatal valproate exposure and risk of autism spectrum disorders and childhood AutismPrenatal valproate and autism. *JAMA*, 309, 1696-1703.

Christianson, A. L., Chester, N. & Kromberg, J.G. (1994) Fetal valproate syndrome: Clinical and Neuro-developmental features in two sibling pairs. *Developmental Medicine & Child Neurology*, 36, 361-369.

Crawley, J. N. (2007) *What's Wrong with My Mouse: Behavioural phenotyping of transgenic and knockout mice.* Wiley-Liss, .

Crawley, J. N., Chen, T., Puri, A., Washburn, R., Sullivan, T.L., Hill, J.M., Young, N.B., Nadler, J.J., Moy, S.S. & Young, L.J. (2007) Social approach behaviors in oxytocin knockout mice: Comparison of two independent lines tested in different laboratory environments. *Neuropeptides*, 41, 145-163.

Daenen, E. W., Wolterink, G., Gerrits, M.A. & Van Ree, J.M. (2002) As lesões da amígdala ou do hipocampo ventral em duas fases iniciais da vida afectam de forma diferente o comportamento em campo aberto numa fase posterior da vida; um modelo animal de perturbações psicopatológicas do neurodesenvolvimento. *Behav. Brain Res.* 131, 67-78.

de Bruin, J. P., Sanchez-Santed, F., Heinsbroek, R.P., Donker, A. & Postmes, P. (1994) A behavioural analysis of rats with damage to the medial prefrontal cortex using the morris water maze: Evidence for behavioural flexibility, but not for impaired spatial navigation. *Brain Res.* 652, 323-333.

Dewar, G. (2004) Social and asocial cues about new food: Cue reliability influences consumption in rats. *Anim. Learn. Behav.* 32, 82-89.

Diergaarde, L., Gerrits, M., Brouwers, J. & Van Ree, J. (2005) Early amygdala damage disrupts performance on medial prefrontal cortex-related tasks but spares spatial learning and memory in the rat. *Neuroscience*, 130, 581-590.

Diergaarde, L., Gerrits, M.A.F.M., Stuy, A., Spruijt, B.M. & Van Ree, J.M. (2004) Neonatal amygdala lesions and juvenile isolation in the rat: Differential effects on locomotor and social behaviour later in life. *Behav. Neurosci.* 118, 298-305.

Duong, T., Robinson, H., BA, D.G. & Ritvo, A. (1986) Contagem mais baixa de células purkinje na cerebela de quatro indivíduos autistas: resultados iniciais do relatório de investigação da autópsia UCLA-NSAC. *Am. J. Psychiatry,* 143, 862-866.

Ey, E., Leblond, C.S. & Bourgeron, T. (2011) Perfis comportamentais de modelos de ratinhos de perturbações do espetro do autismo. *Autism Research,* 4, 5-16.

Ferguson, C., Hardy, S.L., Werner, D.F., Hileman, S.M., DeLorey, T.M. & Homanics, G.E. (2007) New insight into the role of the 03 subunit of the GABAA-R in development, behavior, body weight regulation, and anesthesia revealed by conditional gene knockout. *BMC neuroscience,* 8, 85

Flourens, P. (1842*) Recherches Expërimentales Sur Les Propriëtës Et Les Fonctions Du Systeme Nerveux Dans Les Animaux Vertëbrës.* Balliere, .

Fombonne, E. (2003) The prevalence of autism (A prevalência do autismo). *JAMA: o jornal da Associação Médica Americana,* 289, 87-89.

Frith, C. D. (2007) O cérebro social? *Philosophical Transactions of the Royal Society B: Biological Sciences,* 362, 671-678.

Galef Jr, B. G. (1993) Functions of social learning about food: A causal analysis of effects of diet novelty on preference transmission. *Anim. Behav.* 46, 257-265.

Galef, B. G. (2003) Social learning of food preferences in rodents: Rapid appetitive learning. *Protocolos actuais em neurociência,* , 8.5 D. 1-8.5 D. 8.

Galef, B. (1996) Food selection: Problems in understanding how we choose foods to eat. *Neuroscience & Biobehavioral Reviews,* 20, 67-73.

Glenn, M. J., Lehmann, H., Mumby, D.G. & Woodside, B. (2005) Differential fos expression following aspiration, electrolytic, or excitotoxic lesions of the perirhinal cortex in rats. *Behav. Neurosci.* 119, 806-813.

Gould, T. & Gottesman, I. (2006) Psychiatric endophenotypes and the development of valid animal models. *Genes, Cérebro e Comportamento,* 5, 113-119.

Hall, F. S. (1998) A privação social de ratos neonatais, adolescentes e adultos tem consequências neuroquímicas e comportamentais distintas. *Critical Reviews™ in Neurobiology,* 12.

Happe, F. & Ronald, A. (2008) The 'fractionable autism triad': A review of evidence from behavioural, genetic, cognitive and neural research. *Neuropsychol. Rev.* 18, 287-304.

Harvey, W. (1928) Exercitatio anatomica de motu cordis et sanguinis in animalibus. *Frankfurt am Main,* 1628.

Hassan, T. H., Abdelrahman, H.M., Abdel Fattah, N.R., El-Masry, N.M., Hashim, H.M., El-Gerby, K.M. & Abdel Fattah, N.R. (2013) Níveis de glutamato no sangue e no cérebro em crianças com transtorno autista. *Investigação em Perturbações do Espectro do Autismo,* 7, 541-548.

Herbert, M., Ziegler, D., Deutsch, C., O'brien, L., Lange, N., Bakardjiev, A., Hodgson, J., Adrien, K., Steele, S. & Makris, N. (2003) Cerebral cortex, subcortex and cerebral white matter volume dissociations in boys with autism. *Brain,* 126, 1182-1192.

Hol, T., Van den Berg, Caroline L, Van Ree, J.M. & Spruijt, B.M. (1999) O isolamento durante as brincadeiras na infância diminui a interação social na idade adulta em ratos. *Behav. Brain Res.* 100, 91-97.

Howard, M. A., Cowell, P.E., Boucher, J., Broks, P., Mayes, A., Farrant, A. & Roberts, N. (2000) Provas neuroanatómicas e comportamentais convergentes de uma hipótese de autismo da amígdala. *Neuroreport,* 11, 2931-2935.

Kataoka, S., Takuma, K., Hara, Y., Maeda, Y., Ago, Y. & Matsuda, T. (2011) Comportamentos semelhantes aos do autismo com hiperacetilação transitória de histonas em ratinhos tratados pré-natalmente com ácido valpróico. *Int. J. Neuropsychopharmacol,* 18, 1-13.

Kemper, T. L. & Bauman, M.L. (1993) The contribution of neuropathologic studies to the understanding of autism. *Neurol. Clin.* 11, 175.

Keverne, E. B. (2002) Mammalian pheromones: From genes to behaviour. *Current biology,* 12, R807-R809.

Kim, K. C., Kim, P., Go, H.S., Choi, C.S., Park, J.H., Kim, H.J., Jeon, S.J., Han, S., Cheong, J.H. & Ryu, J.H. (2013) Alteração específica do sexo masculino no desenvolvimento pós-sináptico excitatório e na interação social no modelo de exposição pré-natal ao ácido valpróico do transtorno do espetro do autismo. *J. Neurochem.*

Kim, K. C., Kim, P., Go, H.S., Choi, C.S., Yang, S., Cheong, J.H., Shin, C.Y. & Ko, K.H. (2011) O período crítico de exposição ao valproato para induzir sintomas autistas em ratos Sprague-Dawley. *Toxicol. Lett.* 201, 137-142.

Lancaster, K., Dietz, D.M., Moran, T.H. & Pletnikov, M.V. (2007) Comportamento social anormal em ratos jovens e adultos infectados neonatalmente com o vírus da doença de Borna. *Behav. Brain Res.* 176, 141-148.

Libbey, J. E., Sweeten, T.L., McMahon, W.M. & Fujinami, R.S. (2005) Transtorno autista e infecções virais. *J. Neurovirol,* 11, 1-10.

Markram, K., Rinaldi, T., La Mendola, D., Sandi, C. & Markram, H. (2007) Medo condicionado anormal e processamento da amígdala num modelo animal de autismo. *Neuropsychopharmacology,* 33, 901-912.

McFarlane, H., Kusek, G., Yang, M., Phoenix, J., Bolivar, V. & Crawley, J. (2008) Fenótipos comportamentais semelhantes ao autismo em ratinhos BTBR T tf/J. *Genes, Brain and Behavior,* 7, 152-163.

McNaughton, C. H., Moon, J., Strawderman, M.S., Maclean, K.N., Evans, J. & Strupp, B.J. (2008) Evidence for social anxiety and impaired social cognition in a mouse model of fragile X syndrome. *Behav. Neurosci.* 122, 293.

Modahl, C., Green, L.A., Fein, D., Morris, M., Waterhouse, L., Feinstein, C. & Levin, H. (1998) Plasma oxytocin levels in autistic children. *Biol. Psychiatry,* 43, 270-277.

Modi, M. E. & Young, L.J. (2012) O sistema de ocitocina na descoberta de medicamentos para o autismo: modelos animais e novas estratégias terapêuticas. *Horm. Behav.* 61, 340-350.

Moretti, P., Bouwknecht, J.A., Teague, R., Paylor, R. & Zoghbi, H.Y. (2005) Anomalias nas interações sociais e no comportamento em casa num modelo de rato da síndrome de rett. *Hum. Mol. Genet,* 14, 205-220.

Moy, S. S., Nadler, J.J., Young, N.B., Nonneman, R.J., Grossman, A.W., Murphy, D.L., D'Ercole, A.J., Crawley, J.N., Magnuson, T.R. & Lauder, J.M. (2009) Social approach in genetically engineered mouse lines relevant to autism. *Genes, Cérebro e Comportamento,* 8, 129-142.

Moy, S. S., Nadler, J.J., Young, N.B., Nonneman, R.J., Segall, S.K., Andrade, G.M., Crawley, J.N. & Magnuson, T.R. (2008) Social approach and repetitive behavior in eleven inbred mouse strains. *Behav. Brain Res.* 191, 118-129.

Moy, S. S., Nadler, J.J., Young, N.B., Perez, A., Holloway, L.P., Barbaro, R.P., Barbaro, J.R., Wilson, L.M., Threadgill, D.W. & Lauder, J.M. (2007) Mouse behavioral tasks relevant to autism: Phenotypes of 10 inbred strains. *Behav. Brain Res.* 176, 4-20.

Murcia, C. L., Gulden, F. & Herrup, K. (2005) A question of balance: A proposal for new mouse models of autism. *International journal of developmental neuroscience,* 23, 265-275.

Nadler, J., Moy, S., Dold, G., Simmons, N., Perez, A., Young, N., Barbaro, R., Piven, J., Magnuson, T. & Crawley, J. (2004) Automated apparatus for quantitation of social approach behaviors in mice. *Genes, Cérebro e Comportamento,* 3, 303-314

Nyby, J. & Whitney, G. (1978) Ultrasonic communication of adult myomorph rodents. *Neuroscience & Biobehavioral Reviews,* 2, 1-14.

Oddi, D., Crusio, W., D'Amato, F. & Pietropaolo, S. (2013) Modelos de ratos monogénicos de disfunção social: Implicações para o autismo. *Behav. Brain Res.*

Olexova, L., Talarovicova, A., Lewis-Evans, B., Borbelyova, V. & Krskova, L. (2012) Modelos animais de autismo com um foco particular na base neural de mudanças no comportamento social: Um artigo de atualização. *Neurosci. Res.,* .

Panksepp, J. (1979) A neurochemical theory of autism. *Trends Neurosci.* 2, 174-177.

Panksepp, J., Herman, B., Vilberg, T., Bishop, P. & DeEskinazi, F. (1981) Endogenous opioids and social behavior. *Neuroscience & Biobehavioral Reviews,* 4, 473-487.

Panksepp, J. & Lahvis, G. (2007) Social reward among juvenile mice. *Genes, Brain and Behavior,* 6, 661-671.

Panksepp, J. B., Jochman, K.A., Kim, J.U., Koy, J.J., Wilson, E.D., Chen, Q., Wilson, C.R. & Lahvis, G.P. (2007) O comportamento afiliativo, a comunicação ultra-sónica e a recompensa social são influenciados pela variação genética em ratinhos adolescentes. *PloS one,* 2, e351.

Pardo, C. A., Vargas, D.L. & Zimmerman, A.W. (2005) Immunity, neuroglia and neuroinflammation in autism. *International Review of Psychiatry,* 17, 485-495.

Patterson, P. H. (2009) Immune involvement in schizophrenia and autism: Etiology, pathology and animal models. *Behav. Brain Res.* 204, 313-321.

Pearson, B., Pobbe, R., Defensor, E., Oasay, L., Bolivar, V., Blanchard, D. & Blanchard, R. (2011) Motor and cognitive stereotypies in the BTBR T tf/J mouse model of autism. *Genes, Cérebro e Comportamento,* 10, 228-235.

Persico, A. M. & Bourgeron, T. (2006) Searching for ways out of the autism maze: Genetic, epigenetic and environmental clues. *Trends Neurosci.* 29, 349-358.

Petit-Demouliere, B., Chenu, F. & Bourin, M. (2005) Test de natation forcée chez la souris : A review of antidepressant activity. *Psychopharmacology (Berl.),* 177, 245-255.

Pletnikov, M. V., Moran, T.H. & Carbone, K.M. (2002) Infeção do rato neonatal pelo vírus da doença de Borna: modelo de lesões cerebrais no desenvolvimento de perturbações do espetro do autismo. *Front. Biosci.* 7, d593-607.

Portfors, C. V. (2007) Tipos e funções das vocalizações ultra-sónicas em ratos e ratazanas de laboratório. *Journal of the American Association for Laboratory Animal Science,* 46, 28-34.

Provenzano, G., Zunino, G., Genovesi, S., Sgado, P. & Bozzi, Y. (2012) Modelos de ratinhos mutantes de perturbações do espetro do autismo. *Dis. Markers,* 33, 225-239.

Purcell, A., Jeon, O., Zimmerman, A., Blue, M. & Pevsner, J. (2001) Postmortem brain abnormalities of the glutamate neurotransmitter system in autism. *Neurology,* 57, 1618-1628.

Reynolds, S., Millette, A. & Devine, D.P. (2012) Caracterização sensorial e motora no modelo pós-natal de autismo em ratos com valproato. *Dev. Neurosci.* 34, 258-267.

Robinson, E. B., Koenen, K.C., McCormick, M.C., Munir, K., Hallett, V., Happe, F., Plomin, R. & Ronald, A. (2012) Um estudo multivariado de gémeos sobre traços autistas em crianças de 12 anos: Testando a hipótese da tríade do autismo fracionável. *Behav. Genet,* 42, 245-255.

Ronald, A., Happe, F., Price, T.S., Baron-Cohen, S. & Plomin, R. (2006) Phenotypic and genetic overlap between autistic traits at the extremes of the general population. *Journal of the American Academy of Child & Adolescent Psychiatry,* 45, 1206-1214.

Routtenberg, A. (2002) Targeting the "species gene ensemble". *Hippocampus,* 12, 105-108.

Rubenstein, J. & Merzenich, M. (2003) Modelo de autismo: Aumento do rácio excitação/inibição em sistemas neurais chave. *Genes, Cérebro e Comportamento,* 2, 255-267.

Rutherford, M., Baron-Cohen, S. & Wheelwright, S. (2002) Reading the mind in the voice: A study with normal adults and adults with asperger syndrome and high functioning autism. *J. Autism Dev. Disord,* 32, 189-194.

Ryan, B. C., Young, N.B., Crawley, J.N., Bodfish, J.W. & Moy, S.S. (2010) Défices sociais, estereotipia e aparecimento precoce de comportamentos repetitivos na estirpe de ratos de raça C58/J. *Behav. Brain Res.* 208, 178-188.

Scattoni, M. L., Gandhy, S.U., Ricceri, L. & Crawley, J.N. (2008) Um repertório invulgar de vocalizações no modelo de autismo do ratinho BTBR T tf/J. *PloS one,* 3, e3067.

Schmahmann, J. D. (2004) Disfunções do cerebelo: Ataxia, dismetria do pensamento e síndrome cognitivo afetivo cerebelar. *J. Neuropsychiatry Clin. Neurosci.* 16, 367-378.

Schneider & Przewlocki (2004) Alterações comportamentais em ratos expostos pré-natalmente ao ácido valpróico: modelo animal de autismo. *Neuropsychopharmacology,* 30, 80-89.

Schumacher, H. J., Terapane, J., Jordan, R.L. & Wilson, J.G. (1972) The teratogenic activity of a thalidomide analogue, EM12, in rabbits, rats, and monkeys. *Teratology,* 5, 233-240.

Shahbazian, M. D., Young, J.I., Yuva-Paylor, L.A., Spencer, C.M., Antalffy, B.A., Noebels, J.L., Armstrong, D.L., Paylor, R. & Zoghbi, H.Y. (2002) Os ratinhos com MeCP2 truncado recapitulam muitas caraterísticas da síndrome de rett e apresentam hiperacetilação da histona H3. *Neuron,* 35, 243-254.

Silverman, J. L., Tolu, S.S., Barkan, C.L. & Crawley, J.N. (2009) O comportamento de grooming repetitivo em ratinhos BTBR, um modelo de autismo, é bloqueado pelo antagonista mGluR5 MPEP. *Neuropsychopharmacology,* 35, 976-989.

Silverman, J. L., Yang, M., Lord, C. & Crawley, J.N. (2010) Behavioural phenotyping assays for mouse models of autism. *Nature Reviews Neuroscience,* 11, 490-502.

Skokauskas, N. & Gallagher, L. (2012) Mental health aspects of autistic spectrum disorders in children (Aspectos de saúde mental das perturbações do espetro autista em crianças). *Journal of Intellectual Disability Research,* 56, 248-257.

Sousa, N., Almeida, O. & Wotjak, C. (2006) Um guia de boleias para a análise comportamental em roedores de laboratório. *Genes, Cérebro e Comportamento,* 5, 5-24.

Spencer, C. M., Graham, D.F., Yuva-Paylor, L.A., Nelson, D.L. & Paylor, R. (2008) Social behavior in Fmr1 knockout mice carrying a human FMR1 transgene. *Behav. Neurosci.* 122, 710.

Stromland, K., Nordin, V., Miller, M., Akerstrom, B. & Gillberg, C. (1994) Autism in thalidomide embryopathy: A population study. *Developmental Medicine & Child Neurology,* 36, 351-356.

Suckow, M. A., Weisbroth, S. H. & Franklin, C. L. (2005) *The Laboratory Rat.* Academic Press, .

Tirindelli, R., Dibattista, M., Pifferi, S. & Menini, A. (2009) From pheromones to behavior. *Physiol. Rev.* 89, 921-956.

Tordjman, S., Drapier, D., Bonnot, O., Graignic, R., Fortes, S., Cohen, D., Millet, B., Laurent, C. & Roubertoux, P.L. (2007) Animal models relevant to schizophrenia and autism: Validity and limitations. *Behav. Genet,* 37, 61-78.

Trezza, V., Damsteegt, R., Achterberg, E.M. & Vanderschuren, L.J. (2011) Nucleus accumbens p-opioid receptors mediate social reward. *The Journal of Neuroscience,* 31, 6362-6370.

Van Den Berg, Caroline L, Van Ree, J.M. & Spruijt, B.M. (1999) Sequential analysis of juvenile isolation-induced decreased social behavior in the adult rat. *Physiol. Behav.* 67, 483-488.

Vanderschuren, L. J., Niesink, R.J., Spruijt, B.M. & Van Ree, J.M. (1995) p-And κ-opioid recetor-meiated opioid effects on social play in juvenile rats. *Eur. J. Pharmacol.* 276, 257-266.

Vanderschuren, L. J., Niesink, R.J. & Van Pee, J.M. (1997) The neurobiology of social play behavior in rats. *Neuroscience & Biobehavioral Reviews,* 21, 309-326.

Vargas, D. L., Nascimbene, C., Krishnan, C., Zimmerman, A.W. & Pardo, C.A. (2005) Neuroglial activation and neuroinflammation in the brain of patients with autism. *Ann. Neurol.* 57, 67-81.

Whishaw, I. Q. (2004) *The Behavior of the Laboratory Rat: A Handbook with Tests [O Comportamento do Rato de Laboratório: Um Manual com Testes].* Oxford University Press, EUA, .

Willner, P. (1984) The validity of animal models of depression (A validade dos modelos animais de depressão). *Psychopharmacology (Berl.),* 83, 1-16.

Wing, L., Gould, J. & Gillberg, C. (2011) Perturbações do espetro do autismo no DSM-V: melhor ou pior do que no DSM-IV? *Res. Dev. Disabil.* 32, 768-773.

Winslow, J. & Insel, T. (2002) The social deficits of the oxytocin knockout mouse. *Neuropeptides,* 36, 221-229.

Witt, D. M., Winslow, J.T. & Insel, T.R. (1992) Enhanced social interactions in rats following chronic, centrally infused oxytocin. *Pharmacology Biochemistry and Behavior,* 43, 855-861.

Wohr, M. & Scattoni, M.L. (2013) Modelos de perturbações do espetro do autismo: padrões actuais e novos desenvolvimentos. *Behav. Brain Res.*

Wolterink, G., Daenen, L.E., Dubbeldam, S., Gerrits, M.A., van Rijn, R., Kruse, C.G., Van Der Heijden, Jan AM & Van Ree, J.M. (2001) Early amygdala damage in the rat as a model for neurodevelopmental psychopathological disorders. *European Neuropsychopharmacology,* 11, 5159.

Worley, J. A. & Matson, J.L. (2012) Comparando sintomas de transtornos do espetro do autismo usando os critérios de diagnóstico atuais do DSM-IV-TR e os critérios de diagnóstico propostos do DSM-V. *Investigação em Perturbações do Espectro do Autismo,* 6, 965-970.

Wurbel, H. (2002) Behavioral phenotyping enhanced-beyond (environmental) standardization. *Genes, Cérebro e Comportamento,* 1, 3-8.

Yamashita, Y., Fujimoto, C., Nakajima, E., Isagai, T. & Matsuishi, T. (2003) Possível associação entre infeção congénita por citomegalovírus e perturbação autista. *J. Autism Dev. Disord,* 33, 455-459.

Yang, M., Zhodzishsky, V. & Crawley, J.N. (2007) Os défices sociais em ratinhos BTBR< i> T</i>< i> tf</i>/J não são alterados pelo cruzamento com mães C57BL/6J. *International Journal of Developmental Neuroscience,* 25, 515-521.

MIX
Papier aus verantwortungsvollen Quellen
Paper from responsible sources
FSC® C105338

Printed by Books on Demand GmbH, Norderstedt / Germany